Dharmendra Gaur
S. P. Singh Kalpana Sharma

Otimização das necessidades de fósforo da batata

Dharmendra Gaur
S. P. Singh Kalpana Sharma

Otimização das necessidades de fósforo da batata

Através de fontes orgânicas e inorgânicas

ScienciaScripts

Cover image: www.ingimage.com

This book is a translation from the original published under ISBN 978-620-2-05562-8.

Publisher:
Sciencia Scripts
is a trademark of
Dodo Books Indian Ocean Ltd. and OmniScriptum S.R.L publishing group

120 High Road, East Finchley, London, N2 9ED, United Kingdom
Str. Armeneasca 28/1, office 1, Chisinau MD-2012, Republic of Moldova, Europe
Printed at: see last page
ISBN: 978-620-7-92526-1

Índice:

RESUMO

Um experimento de campo, intitulado "Otimização da necessidade de fósforo na cultura da batata (*Solanum tuberosum* L.) por meio de fontes orgânicas e inorgânicas", foi conduzido na Fazenda de Pesquisa da Estação Central de Pesquisa de Batata, ICAR Gwalior (MP) durante a temporada *Rabi* de 2015-16 em solo argiloso siltoso com 0,37% de carbono orgânico, 165,93 kg de N disponível, 20,35 kg de P2O5 disponível, 395,20 kg de K2O disponível / ha e pH 7,4. O experimento foi realizado em blocos casualizados com 10 tratamentos replicados quatro vezes. Os tratamentos consistiram de prática tradicional de aplicação nutricional (prática dos agricultores), Zero kg P2O5 /ha (controle), 30 Kg P2O5/ha através de fertilizante, 60 Kg P2O5/ha através de fertilizante, 90 Kg P2O5/ha através de fertilizante, 120 Kg P2O5 /ha através de fertilizante, 50% P2O5 através de FYM + 50% P2O5 através de fertilizante, 50% P2O5 através de vermicomposto + 50% P2O5 através de fertilizante, 100% P2O5 através de FYM e 100% P2O5 através de vermicomposto. A variedade de batata "Kufri Jyoti" foi semeada a uma taxa de sementes de 35 q/ha numa linha de 60 cm de distância com uma dose basal de 90 N + P2O5 (conforme o tratamento) + 120 K2O kg/ha (no caso da prática do agricultor 60 kg K2O/ha) através de ureia, DAP, muriato de potássio em cada tratamento. A cultura foi semeada a 19 de outubro de 2015 e colhida a 4 de fevereiro de 2016. Os resultados revelaram que tanto a prática do agricultor quanto a aplicação de 120 Kg P2O5 /ha através de fertilizantes produziram biomassa fresca (g) / planta significativamente maior, produção de matéria seca (g) / planta, peso fresco do tubérculo (g) / planta, peso seco do tubérculo (g) / planta, AGR (g/dia), RGR (mg/g/dia), teor de NPK no solo (kg/ha), % de NPK no tubérculo e na haste, absorção de NPK (kg/ha) pela cultura, rendimento (tubérculo, haste e biológico em kg/parcela e q/ha) e ambos os tratamentos foram estatisticamente iguais entre si. Considerando que, 100% P2O5 através de FYM registou significativamente a altura máxima da planta (cm) e o número de folhas/planta. No caso do comprimento da raiz e da relação raiz-raiz, o controlo estava na posição mais elevada. Com menos de 25-50 g, 50-75 g e mais de 75 g, a aplicação de 120 Kg de P2O5 /ha através de fertilizante deu um maior número de tubérculos com base na classificação, seguido pela prática do agricultor, enquanto o controlo estava em maior número em relação a menos de 25 g de tubérculos. Considerando que, tanto a prática do agricultor como a aplicação de 120 Kg de P2O5 /ha através de fertilizante resultaram num maior rendimento de tubérculos com base na classificação de 25-50 g, 50-75 g e mais de 75 g de tubérculos, enquanto que o controlo estava em maior lugar no caso de menos de 25 g de tubérculos. O retorno líquido máximo (Rs.128736.52) e a relação benefício: custo (2.58) foram obtidos com a prática do agricultor seguida pela aplicação de 120 Kg P2O5 /ha através de fertilizante com Rs. 126956.52 e 2.52 retorno líquido e relação benefício: custo, respetivamente.

RECONHECIMENTO

As minhas obrigações são muitas, demasiadas, tanto para com os livros como para com as pessoas, e para com os meus professores pelas suas valiosas sugestões, críticas construtivas e muitos outros favores, pelos quais estou profundamente grato.

É para mim um grande privilégio exprimir o meu estimado e profundo sentimento de gratidão ao presidente do meu Comité Consultivo, Dr. J.P. Dixit, Dean, College of Agriculture, Gwalior (M.P.), pela sua valiosa orientação, crítica construtiva e constante encorajamento durante o curso da investigação e na preparação deste manuscrito. O seu grande interesse pelo meu bem-estar pessoal e afeto também sustentaram os meus esforços ao longo de todo o processo.

Estou também muito grato aos membros do meu Comité Consultivo, Dr. S.P. Singh, Cientista Principal, ICAR-CPRS, Gwalior (M.P.), Prof. P.S. Tomar, Departamento de Ciência do Solo e Química Agrícola e Dr. V. B. Singh, Professor e Diretor, Departamento de Estatística Agrícola da Faculdade de Agricultura de Gwalior, pela sua visão alargada, discussões críticas, sugestões e disponibilização das instalações necessárias durante todo o curso da investigação.

Estou profundamente obrigado ao Dr. A. K. Singh, Hon'ble Vice-Chanceler, ao Dr. S. S. Tomar, Reitor da Faculdade de Agricultura, ao Dr. B. S. Baghel, Diretor de Instrução, ao Dr. H. S. Yadav, Diretor dos Serviços de Investigação, ao Sh. M. R. Jatav, Conservador da RVSKVV, Gwalior, pela sua ampla visão, sugestões e por fornecerem as facilidades necessárias durante o curso da investigação.

Os meus sinceros agradecimentos ao Dr. G.S. Rawat, cientista principal e chefe da secção de agronomia, College of Agriculture, Gwalior (M.P.), por ter disponibilizado as instalações e a orientação necessárias para a realização do presente estudo.

É com grande prazer que exprimo o meu sentimento de profunda gratidão para com os meus doutos e benevolentes professores Dr. P.R. Rajput, EX-Professor, GBPUAT, Pantnagar professor convidado, Dr. Sanjay Sharma Técnico de Laboratório, ICAR-CPRS, Gwalior, Dr. Janmejay Sharma
Professores convidados do Departamento de Agronomia e Sh. B.S. Kasana, Cientista KVK, Datia, pela sua cooperação e ajuda neste esforço.

Estou igualmente grato a Shri G.S. Yadav, Shri Sushil Yadav e Shri Sunil Kushwah que me ajudaram de muitas formas durante o meu trabalho experimental.

Gostaria também de deixar registada a minha sincera gratidão aos meus colegas Rakesh Patidar, Kalpana Sharma e Bablu Lodha, que me ajudaram sempre que necessário durante o meu trabalho de investigação.

Por último, nenhuma palavra será suficiente para exprimir a minha gratidão ao meu pai Shri Kadam Singh Gaur, à minha mãe Smt. Guddi Gaur, ao meu irmão K.K. Gaur, Arvind Gaur e Hariom Gaur pelas suas bênçãos e apoio moral contínuo.

(DHARMENDRA GAUR)

Capítulo I

INTRODUÇÃO

A batata (*Solanum tuberosum L.*) é uma herbácea anual que cresce até 100 cm e contribui substancialmente para a segurança alimentar e nutricional no mundo. A batata é uma cultura com um grande número de parentes selvagens, um grupo de mais de 100 espécies de *Solanum* que produzem tubérculos. É originária das altas montanhas andinas da América do Sul. thPensa-se que a batata foi introduzida na Índia a partir da Europa no início do século XVII. A batata é classificada pela FAO das Nações Unidas como a 4th cultura alimentar mais importante do mundo, depois do arroz, do trigo e do milho (FAO, 2006). A batata é uma das culturas mais diversificadas e nutritivas da Terra. A batata pode ser cultivada em quase todos os continentes e apresenta-se numa grande variedade de formas, tamanhos e cores (CIP, 2012).

A batata é um ingrediente de muitos pratos e saladas. É um alimento não engordativo, nutritivo e saudável que fornece muitos nutrientes importantes à dieta. Contém aproximadamente 78% de água, 22% de matéria seca (gravidade específica) e menos de 1% de gordura. Cerca de 82% da matéria seca é constituída por hidratos de carbono, principalmente amido com alguma fibra alimentar, e tem melhor qualidade nutricional do que os cereais. A batata contém pelo menos 12 aminoácidos essenciais, minerais e é também fonte de vitamina C, tiamina, ferro e ácido fólico.

É utilizada para diversos fins e, normalmente, é utilizada como legume, pelo que é considerada o "rei dos legumes". Mas, na realidade, é provável que menos de 50% da batata cultivada em todo o mundo seja consumida fresca sob a forma de legume. O resto é transformado em produtos alimentares à base de batata (farinha de batata, batatas fritas, batatas fritas, etc.) e em ingredientes alimentares, para alimentar o gado, os porcos e as galinhas e para transformar em amido para a indústria.

A atual produção mundial de batata é de cerca de 317,7 milhões de toneladas, sendo a China o maior produtor mundial. A Índia ocupa o segundo lugarnd em área e produção de batata no mundo, depois da China, que contribui com 11% da produção mundial de batata (FAO STAT, 2014). Mais de metade da produção global ocorre atualmente nos países em desenvolvimento, onde, desde a década de 1960, o crescimento da produção de batata excedeu o de todas as outras culturas (CIP, 2009).

Na Índia, a produção de batata está confinada principalmente a Uttar Pradesh, Bengala Ocidental, Bihar, Madhya Pradesh, Gujarat, Punjab, Assam e Haryana. Na Índia, é cultivada numa área de 2 milhões de hectares, com uma produção de 44,3 milhões de toneladas e uma produtividade de 21967 kg/ha (Anónimo, 2015).

Atualmente, o Madhya Pradesh contribui com cerca de 5,45 e 5,24 por cento da área e produção, respetivamente, de batata no país. A área sob a cultura durante 2013-14 foi de 109,96 mil hectares e a produção foi de 2322,00 mil toneladas em M.P. Durante 2013-14, a produtividade de Gujarat foi (29750 kg/ha) mais alta na Índia e Madhya Pradesh estava na 6th posição com 21116 kg/ha (Agricultural Statistics at a Glance, 2015).

A maioria dos agricultores de Madhya Pradesh tem cultivado batata na estação *Rabi*. A produtividade da cultura da batata nesta região é baixa em comparação com alguns outros estados e com a produtividade nacional devido a múltiplos factores, entre os quais a gestão inadequada dos nutrientes é um dos factores importantes. Diferentes nutrientes têm grande influência no rendimento e na qualidade da cultura de diferentes maneiras. O fósforo é o 2nd nutriente limitante depois do azoto. É um dos principais nutrientes e influencia o desenvolvimento inicial da cultura e a iniciação dos tubérculos, o tamanho dos tubérculos e a gravidade específica dos tubérculos. Uma vez que o rendimento final dos tubérculos é função do seu desenvolvimento, da taxa de crescimento dos tubérculos e da duração do seu crescimento, o fósforo também influencia o crescimento e o rendimento da batata de várias formas, incluindo o aumento da taxa de crescimento de todas as partes da planta durante várias semanas após a emergência (Dyson e Watson, 1971).

As necessidades de fósforo das culturas variam consoante a região agro-climática, a variedade, a sequência de culturas e o tipo de solo (Damphey *et al.,* 2013). A gestão do fósforo fertilizante (P) é um componente crítico dos sistemas de produção de batata, uma vez que a batata tem uma necessidade relativamente elevada de P e utiliza ineficientemente o P do solo. O fósforo promove o rápido desenvolvimento da copa, a divisão das células radiculares, a formação de tubérculos e a síntese de amido. O P adequado é essencial para otimizar o rendimento dos tubérculos, o teor de sólidos, a qualidade nutricional e a resistência a algumas doenças (Rosen *et al.*, 2008).

A batata é altamente sensível aos nutrientes aplicados no solo, especialmente ao fósforo (P), devido ao seu ciclo curto e elevado potencial de rendimento. O fósforo é essencial para as plantas, principalmente para os processos metabólicos relacionados com a absorção de energia e, por conseguinte, é limitante para o desenvolvimento da batata. O crescimento da planta é retardado com baixos níveis de P já nos estágios iniciais;

além disso, o número e o comprimento das raízes e dos estolões são reduzidos, bem como a produção de tubérculos (Fontes, 1997).

Para maximizar os rendimentos, o P é um nutriente essencial que deve, por conseguinte, estar disponível em quantidades adequadas desde as primeiras fases de crescimento (Hu *et al.*, 2010).

A eficiência das plantas de batata para adsorver o P do solo é considerada baixa (Dechassa *et al.*, 2003), o que levou à aplicação de quantidades elevadas de fosfato solúvel à cultura, para assegurar a disponibilidade de P no solo. No entanto, a aplicação de doses elevadas de P causa problemas ambientais e económicos, bem como um desequilíbrio nutricional nas plantas de batata (Hopkins *et al.*, 2008).

O estado nutricional do P afecta a absorção de outros nutrientes e, consequentemente, influencia a nutrição e a produção das culturas. As necessidades das plantas em magnésio (Mg) podem estar relacionadas com os níveis de P na solução nutritiva (Vichiato *et al.*, 2009). O fósforo também interage positivamente com a absorção de nitrogênio (N) e o crescimento das plantas (Fageria, 2001), e a deficiência de P reduz a absorção de nitrato (Araújo & Machado, 2006) e amônio (Alvarez *et al.*, 1999). A aplicação de níveis elevados de P aumenta a gravidade da deficiência de zinco (Zn) em solos com baixos níveis de Zn (Fageria, 2001).

Uma cultura saudável de batata remove cerca de 25-30 kg P2O5/ha, indicando que a necessidade de P da batata é muito maior do que a maioria dos cereais. Sendo a batata uma cultura de raízes pouco profundas, a eficiência de utilização de P dos fertilizantes é de 1015 por cento. Por conseguinte, é necessário otimizar as necessidades de fósforo da batata através de fontes orgânicas e inorgânicas.

Em geral, os agricultores indianos aplicam DAP em excesso para satisfazer as necessidades de N da cultura da batata, o que provoca a acumulação de P no solo. O excesso de P perturba as propriedades físicas e químicas do solo de diferentes maneiras e resulta na redução da produção e da produtividade da cultura da batata na Índia com o avanço do tempo.

Tendo em conta os factos acima referidos, a presente investigação foi conduzida para otimizar as necessidades de fósforo da batata através de fontes orgânicas e inorgânicas no atual cenário de utilização de fósforo pelos agricultores, com os seguintes objectivos

1. Estudar o efeito de diferentes níveis e fontes de fósforo no crescimento e rendimento da batata.
2. Analisar o efeito da nutrição com fósforo na fertilidade do solo e na absorção de nutrientes pela cultura.
3. Para descobrir o nível e a fonte de fósforo mais adequados para a batata, e
4. Estudar os aspectos económicos dos diferentes tratamentos.

Capítulo II

REVISÃO DA LITERATURA

A revisão exaustiva da literatura é uma parte essencial de qualquer investigação científica. Para além de determinar os trabalhos realizados no passado, constitui a base para a interpretação dos resultados e fornece um quadro teórico básico. A literatura relacionada com a "Otimização das necessidades de fósforo na cultura da batata (*Solanum tuberosum L.*) através de fontes orgânicas e inorgânicas" é apresentada neste capítulo.

Jacob *et al.* (1947), com base em várias experiências, verificou que a percentagem de fósforo na planta proveniente do fertilizante era reduzida à medida que a quantidade de fósforo no solo aumentava e esta percentagem aumentava com o aumento da taxa de aplicação.

Evans (1975) demonstrou que a taxa de peso seco dos tubérculos excede frequentemente a do peso seco total produzido pela planta.

Rajput (1985) observou que, com cada aumento na taxa de P2O5, o crescimento medido em termos de altura, número de ramos, folhas e matéria seca por planta, CGR, RGR, AGR, NAR, LAI e LAR foram significativamente superiores em todos os estágios de observação, começando de 30th a 60th dias após a semeadura durante ambas as estações na cultura da soja.

Rajput (1989) relatou na cultura da soja que o CGR, RGR, AGR, LAI, LAR e NAR aumentaram significativamente com os níveis crescentes de fósforo, exceto LAI, LAR e CGR.

Hahlin (1992) investigou a taxa óptima de aplicação de fertilizante P para batatas em solos argilosos nas regiões centrais da Suécia. Foram testadas três taxas de aplicação (0, 45 e 90 kg P/ha). Verificou-se um aumento de rendimento de 29,05 para 30,00 toneladas /ha quando as taxas de aplicação foram aumentadas de 45 para 90 kg P/ha. O autor concluiu que a taxa de aplicação óptima é mais provável que seja superior a 90 kg P/ha do que inferior e que as recomendações actuais para a batata são adequadas.

Grewal e Trehan, (1993) fizeram uma coleção abrangente de dados de aproximadamente 60 experiências de campo conduzidas na Índia nas últimas 6 décadas relativamente à fertilização com P da batata. Nestes ensaios, as taxas óptimas de aplicação variaram entre 17-77 kg P/ha e a resposta em termos de rendimento situou-se entre 1 e 7,7 toneladas métricas/ha. A resposta mostrou uma boa correlação com os níveis de P do solo medidos com o método Olsen-P.

Maier *et al.* (1995), com base em várias experiências, observaram que a aplicação de N, P e K aumentou a produção total de tubérculos em 14-432%, 19-145% e 19-89%, respetivamente, em comparação com o controlo.

Alvarez *et al.* (1999) testaram 13 taxas diferentes de aplicação de P, variando de 0 a 207 kg P/ha. A experiência foi efectuada num Andisol (7,8 mg Olsen P/l) no México. O maior aumento de rendimento observado foi de 6000 kg/ha em comparação com o controlo sem P, e a taxa óptima de aplicação de P foi de 90 kg/ha.

Allison *et al.* (2001), com base em várias experiências de campo, afirmam que a aplicação de fertilizante P resultou em aumentos estatisticamente significativos na produção de tubérculos e que a taxa óptima de aplicação de P variava entre 90 e 180 kg/ha. As aplicações de P foliar não tiveram efeito no número de tubérculos ou na produção de tubérculos e esta prática não pode ser recomendada.

Dechassa *et al.* (2003) realizaram uma experiência numa estufa com seis níveis de P: 0, 12, 27, 73, 124 e 234 mg de P/kg de solo, e observaram que a relação raiz: rebento aumentava com níveis de P mais baixos. Os pêlos radiculares contribuíram em cerca de 50% para a absorção total de P pela batata.

Ali *et al.* (2004) realizaram uma experiência com seis níveis diferentes de fertilizante de fósforo (ou seja, 0, 50, 100, 200, 300 e 400 kg P2O5/ha). Os resultados indicaram que houve diferenças altamente significativas no número de tubérculos em algumas datas de colheita. No entanto, o tratamento com 400 kg de P2O5/ha deu o maior número de tubérculos m^{-2} nas datas de colheita de 14th e 28th junho, 12th julho, 20th setembro e 4th outubro e o tratamento com zero P deu o menor número de tubérculos em todas as datas de colheita.

Kate *et al.* (2005) efectuaram um estudo em Maharashtra para determinar a resposta de cultivares de batata ('HPS-II/67', 'Kufri Jyoti' e 'S-1') a diferentes opções de gestão nutricional. Os tratamentos incluíram:

100%

dose recomendada de fertilizantes (RDF; 120:60:120 kg NPK/ha), 100% RDF + 5 t FYM/ha, 100% RDF + FYM + biofertilizantes 37 (*Azospirillum* e *Acetobacter*), 75% RDF + FYM + biofertilizantes, e 50% RDF + FYM + biofertilizantes. 'Kufri Jyoti' foi significativamente superior às outras cultivares em termos de altura da planta (56,5 cm), matéria seca da $planta^{-1}$ (74,1 g) e produção de tubérculos (173,8 q/ha). A HPS-II/67 foi a mais superior em termos de produção de tubérculos de tamanho grande (34,6 q ha^{-1}). Entre os tratamentos, 100% RDF + FYM + biofertilizantes resultou na maior matéria seca total produção/planta (69,7 g), altura da planta (54,9 cm) e peso do tubérculo/planta (285,6 g).

Mondal *et al.* (2005) realizaram uma experiência para estudar o efeito da aplicação combinada de material orgânico e fertilizantes inorgânicos na produção de tubérculos, qualidade e incidência da doença da requeima na cultura. A aplicação combinada de pó de semente de nim @1,2 t/ha, torta de karanj @ 1,0 t/ha, esterco de curral @ 6 t/ha, formulação comercial Biomax @ 0,6 t/ha e Biomassa @1,5 t/ha junto com 75 % da dose recomendada de fertilizantes NPK (RDF) aumentou a produção de tubérculos em 5,87 % a 10,56 % sobre o controle (100 % RDF). O Biomax provou ser mais eficaz no aumento da produção de tubérculos (10,56%) e na percentagem de tubérculos de grau 'A' (> 75g) (47,21%).

Sud *et al.* (2005) descobriram que a aplicação de 100% da dose recomendada de N, juntamente com a aplicação de 50% de PK através de fertilizantes inorgânicos e 50% através de FYM (com base em K) deu o maior rendimento e também a aplicação de orgânicos (FYM) não só satisfez parcialmente as necessidades de PK da cultura, mas também ajudou a melhorar os rendimentos e a qualidade dos tubérculos, além de sua influência positiva sobre as propriedades físicas do solo, bem como a aplicação de combinação de fertilização através de fontes inorgânicas e orgânicas também pode superar o stress hídrico nas fases iniciais de crescimento da cultura.

Powon *et al.* (2006) referiram que o Fósforo e a FYM tiveram uma influência significativa ($p<0,05$) no peso seco dos tubérculos; peso seco dos rebentos e rendimento total. Uma combinação de P a 100,4 kg/ha e FYM a 20 t/ha resultou num aumento de 82% do peso seco dos tubérculos e 62% da produção de tubérculos frescos em comparação com o controlo (Zero P2O5/ha). O número de tubérculos e o peso seco dos rebentos também foram afectados pela aplicação de P e FYM. O rendimento da batata pode, portanto, ser melhorado através da aplicação de fósforo e de estrume de quintal.

Kumar *et al.* (2007) relataram que o número de caules, a altura da planta, o número de folhas, o grau de processamento (> 45 mm), bem como o número total de tubérculos de batata cvs. 'Kufri Chipsona-1' e 'Kufri Chipsona-2' aumentaram com a aplicação de fósforo até 80 kg P2 O5/ha. Parâmetros de qualidade de processamento como gravidade específica, matéria seca de tubérculos e cor de chips na colheita e após cinco meses de armazenamento permaneceram inalterados pelo P. O maior rendimento de tubérculos (386,6 q/ha), o máximo retorno líquido (Rs. 59.503) e a maior relação custo-benefício (2,43) foram registados a 80 kg P2 O5/ha.

Singh *et al.* (2007) observaram um aumento significativo da produção de tubérculos com o aumento da aplicação de fertilizantes de um nível mais baixo (50 N: 50 P: 25 K kg/ha) para um nível médio (100 N: 100 P: 50 K kg/ha), enquanto que a taxa de sementeira de 25 q/ha e a dose de NPK de 100 : 100 : 50 kg/ha foram consideradas adequadas para obter uma produção elevada de batata.

Upadhayay *et al.* (2007) relataram que o cultivo contínuo de batata orgânica biodinamicamente melhorou a produção de tubérculos em 30-50% e 8-11% mais tubérculos de tamanho de semente em relação à cultura fertilizada inorganicamente.

Sood (2007) referiu que a utilização combinada de produtos orgânicos e inorgânicos na proporção de 1:3 aumentou significativamente os parâmetros de crescimento das plantas, o que se reflectiu na produção de tubérculos e na absorção de nutrientes. A maior produção de tubérculos com a utilização integrada de produtos orgânicos e inorgânicos deveu-se principalmente à maior proporção de tubérculos de tamanho grande e médio.

Rosen *et al.* (2008) relataram que a aplicação de fósforo aumentou a produção total de tubérculos e a produção de tubérculos subdimensionados (tubérculos com menos de 85 g), mas não teve um efeito significativo na produção de tubérculos comercializáveis (tubérculos com mais de 85 g). Tanto o número como a produção de tubérculos subdimensionados aumentaram com o aumento da taxa de aplicação de P.

Hassanpanah *et al.* (2009) realizaram um experimento para determinar os melhores níveis de fertilizantes N e P para o cultivo de batata durante 2007-2008 e relataram que houve diferenças significativas entre os anos na produção total e comercializável de tubérculos, número de hastes principais por planta e número e peso total e comercializável de tubérculos por planta, entre os níveis de fertilizantes N na produção comercializável de tubérculos e altura da planta, entre os níveis de fertilizantes P no peso total de tubérculos por planta e número comercializável de tubérculos por planta, entre os anos e o nível de fertilizantes N na produção total e comercializável de tubérculos, número e peso total e comercializável de tubérculos por planta. Houve interação entre os anos e os níveis de fertilizante P na produção de tubérculos comercializáveis e entre os níveis de fertilizante N e P no número de caules principais por planta. O máximo de produção total e comercializável de tubérculos foi obtido quando os fertilizantes N e P foram usados 30% a mais do que a quantidade baseada no teste de solo.

Zelaem *et al.* (2009) relataram que a aplicação de 60 kg de P2O5/ha aumentou significativamente os dias para a floração em dois dias, a altura da planta em 10.5 cm, a biomassa acima do solo e subterrânea em

32 e 28%, respetivamente, a produção de tubérculos comercializáveis em 60% e o número de tubérculos comercializáveis em 43% em relação ao controlo (zero P2O5/ha), enquanto os outros parâmetros, como os dias até à maturidade fisiológica, o número de caules, a produção e o número total de tubérculos, a produção e o número de tubérculos não comercializáveis, o peso médio dos tubérculos, a gravidade específica, o teor de matéria seca e o índice de colheita não foram significativamente influenciados pela fertilização com fósforo.

Canali *et al.* (2010) relataram que a aplicação de FYM aumentou substancialmente o rendimento total da batata em 25,1% em comparação com o controlo.

Henriques *et al.* (2010) realizaram várias experiências para avaliar o efeito da produção total e comercial (diâmetro dos tubérculos >25 mm) de batata da cultivar importada 'Romano' e da cultivar regional 'Tchigembo' sob diferentes níveis de fósforo e observaram que o maior benefício económico para ambas as variedades de batata foi de 200 kg/ha de P2O5.

Jatav *et al.* (2010) realizaram uma experiência para avaliar o efeito da cultura da batata que recebeu doses diferenciadas de fósforo e potássio de fertilizantes inorgânicos ou FYM de acordo com o calendário de tratamentos, enquanto a cultura seguinte de rabanete recebeu apenas N. A aplicação da dose recomendada de N juntamente com 50% de PK de fertilizantes inorgânicos e o resto de FYM (com base em K) na batata resultou no maior rendimento de matéria seca da batata (5,72 t/ha). Este tratamento também deu o maior rendimento de matéria seca da cultura seguinte de rabanete (1,89 t/ha). Portanto, para uma maior produtividade do sistema batata-rabanete, 25 a 50% da dose recomendada de fertilizantes P e K poderia ser substituída por FYM.

Ozturk *et al.* (2010) realizaram uma experiência para determinar os efeitos das doses de azoto (0, 120 e 240 kg N/ha) e de fósforo (0, 90 e 180 kg P2O5/ha) em alguns traços de qualidade dos tubérculos da cultivar de batata 'Agria' e concluíram que a cultura da batata deve ser fertilizada com 120 kg/ha de N e que os fertilizantes de fósforo devem ser adicionados quando os solos são deficientes em P.

Jatav *et al.* (2011) investigaram o papel da FYM na economia de fósforo e potássio na sequência de culturas de batata e rabanete em condições de sequeiro. Os resultados revelaram que a aplicação da dose recomendada de N juntamente com 50% de PK de fertilizantes inorgânicos e o resto de FYM (com base em K) na batata produziu a maior concentração de azoto, fósforo e potássio nas folhas, o que consequentemente aumentou o rendimento da batata (319 q/ha). Este tratamento também deu o maior rendimento da cultura seguinte de rabanete (192,9 q/ha). Assim, para uma maior produtividade e melhor rendimento do sistema batata-rabanete, 25 a 50% da dose recomendada de fertilizantes P e K pode ser substituída por FYM.

Matiwos e Shashidhar (2011), na Índia, encontraram um peso médio máximo de tubérculo (65,23 g) quando 100% da taxa recomendada de fertilizante foi combinada com 25 t/ha de FYM.

Prativa e Bhattarai (2011) realizaram uma experiência para analisar o efeito da Gestão Integrada de Nutrientes (GIN) no crescimento, na produção e no estado dos nutrientes no solo para o tomate (*Lycopersicon lycopersicum* (L.) Karsten) e investigaram a integração de estrumes orgânicos em combinação com fertilizantes inorgânicos, que se revelou significativa para melhorar o crescimento geral das plantas, a produção e o estado dos macronutrientes no solo do que a aplicação única. A altura máxima das plantas e o número de folhas por planta foram observados com o tratamento 16,66 mt/ha FYM + 8,33 mt/ha Vermicomposto + NPK. O maior número de cachos de frutos, peso máximo de frutos e rendimento de frutos (25,74 mt/ha) foram registados no tratamento 16,66 mt/ha FYM + 8,33 mt/ha Vermicomposto + NPK.

Sarkar *et al.* (2011) relataram que o efeito positivo da aplicação de nutrientes de fontes orgânicas e inorgânicas e suas combinações na altura da planta, LAI, produção de matéria seca, número de brotos, número de tubérculos, rendimento de tubérculos de batata e retorno líquido foi maior em 40% orgânico + 60% inorgânico seguido de 50% orgânico + 50% inorgânico do que outros tratamentos.

Shambhavi e Sharma (2011) observaram que a aplicação de 100% NPK + 25 t VC/ha registou o maior rendimento de tubérculos (30,46 t/ha) e de lânulos (9,04 t/ha), enquanto a maior absorção de nutrientes foi obtida com a aplicação de 100% NPK + 25 t VC/ha e a absorção de diferentes nutrientes foi significativamente maior com VC/FYM aplicado juntamente com fertilizantes químicos.

Singh e Lal (2011) relataram que a aplicação de FYM @ 10 t / ha para a cultura da batata no sistema resultou em maiores retornos líquidos, relação B: C, eficiência de produção, eficiência de retorno monetário e índice de rendimento sustentável.

Singh *et al.* (2011) realizaram uma experiência para identificar a melhor opção de gestão de nutrientes para a sequência de grama-preta (*Phaseolus mungo*) - batata (*Solanum tuberosum*) - trigo (*Triticum aestivum*) e verificaram que a aplicação de 100% de NPK registou o maior rendimento de tubérculos de batata (20,3 t/ha), enquanto o maior rendimento de trigo (3,8 t/ha) foi registado quando o NPK foi aplicado a 50% através de inorgânicos + 5 t de FYM/ha. A eficiência de produção mais elevada (128 kg/ha/dia) e o rendimento equivalente de batata (30,7 t/ha) foram registados com 50% de NPK + 5 t de composto NADEP/ha, mas o índice de valor sustentável mais elevado (0,80) foi registado com 15 t de FYM/ha. Os parâmetros económicos, nomeadamente a relação benefício: custo (1,57), o retorno líquido (Rs. 36713/ha), o retorno por rupia gasta (0,57), a eficiência da produção (kg/ha/dia) foram mais elevados com 5 t FYM/ha @ 50 % RDF em comparação com 100% RDF.

Taheri *et al.* (2011) encontraram o maior peso médio de tubérculos de batata em parcelas tratadas com 20 t/ha de composto e 225 kg/ha de fósforo de forma combinada.

Taheri *et al.* (2012) realizaram duas experiências independentes e observaram que o maior número de tubérculos grandes foi encontrado em 20 t/ha de composto + 225 kg/ha de fósforo + 50 kg/ha de zinco na primeira experiência e 20 t/ha de estrume animal + 75 kg/ha de fósforo + sem zinco na segunda experiência e a matéria seca máxima foi obtida com a aplicação de 225 kg/ha de fósforo + 50 kg/ha de zinco.

Venkatasalam *et al.* (2012) observaram que a altura das plantas, o número de folhas compostas e o peso dos tubérculos foram significativamente afectados pelos adubos orgânicos e pelas variedades, ao passo que o número de caules foi significativamente influenciado pelo tipo de adubo orgânico e não pelas variedades.

Baishaya *et al.* (2012) observaram que a aplicação de 50% da dose recomendada de NPK através de fertilizantes inorgânicos + 50% da dose recomendada de nitrogénio (RDN) através de adubos orgânicos (FYM, PM ou VC) ou 100% da dose recomendada de NPK através de fertilizantes inorgânicos isolados influenciou favoravelmente o rendimento do tubérculo, a absorção de nutrientes, a fertilidade do solo e pagou retornos mais elevados.

Fernades e Soratto (2012) relataram que os níveis de fósforo de até 8 mg/l aumentaram o acúmulo de MS na raiz e no broto, mas diminuíram drasticamente a relação raiz/broto da batata. A maior disponibilidade de P aumentou a concentração, o acúmulo e a eficiência de absorção de P, mas diminuiu a eficiência de uso de P. Níveis mais elevados de P aumentaram consideravelmente as concentrações de N, P, Mg, Fe e Mn nas raízes e diminuíram as concentrações de K, S, Cu e Zn. Níveis mais elevados de P (> 8 mg/l) na solução nutritiva aumentaram a concentração de P, a acumulação e a eficiência de absorção, mas a acumulação de MS e a partição da batata não foram afectadas.

Kumar *et al.* (2012) observaram que a aplicação integrada de 50% do NPK recomendado através de fertilizantes inorgânicos e 50% de RDN através de estrume registou uma produção de tubérculos significativamente mais elevada (22,73 t/ha), seguida de perto por 100% do NPK recomendado através de fertilizantes inorgânicos (22,20 t/ha) e a aplicação de fertilizantes inorgânicos e orgânicos e o tratamento de sementes com Azotobactor + biofertilizantes PSB melhoraram a produção de tubérculos, a absorção de nutrientes e deram maior retorno.

Meena *et al.*(2012) relataram que a aplicação de 60 : 17 : 42 (NPK) + VC equivalente a 60 kg N/ha registou os atributos de crescimento e rendimento mais elevados com o rendimento máximo de tubérculos de 24,2 t/ha, que foi 10,5 e 49,3 % superior a 100% NPK e controlo, respetivamente. No entanto, os dados da batata em níveis de fertilidade residual indicaram que 60 : 13 : 17 (NPK) + FYM equivalente a 60 kg N/ha registou o crescimento máximo e atributos de rendimento; e rendimento de tubérculos, enquanto que os valores mais baixos foram registados na aplicação de fertilizante 100% NPK.

Baishya *et al.* (2013) observaram que a aplicação de 75% da dose recomendada de fertilizantes (RDF) através de fertilizantes químicos juntamente com 25% através de estrume de quintal (FYM) registou valores mais elevados de altura da planta, número de caules, perímetro do caule e índice de área foliar, acumulação de matéria seca, taxa de volume de tubérculos e, finalmente, rendimento de tubérculos.

Jatav *et al.* (2013) investigaram a dose adequada de P na batata com base em testes de solo. Os resultados revelaram que o solo com baixa disponibilidade de P (> 10 ppm) respondeu aos fertilizantes P e houve uma necessidade de aplicação de P de 100125% da dose recomendada de P deu melhor rendimento de tubérculos e também retornos líquidos. No caso de solos com disponibilidade média de P (10 a 22 ppm), a dose recomendada de 50 - 100% de fertilizante P foi encontrada para atender às necessidades de P da cultura e deu maior rendimento e também retornos líquidos. No caso de solos com alto status de P (> 20ppm), a aplicação de P não respondeu pelo aumento do rendimento e 25% da dose recomendada de P como dose de manutenção nos solos com > 20 ppm P deu o máximo rendimento de tubérculos e concluiu que o P deve ser aplicado com base no valor do teste do solo.

Kumar *et al.*(2013) verificaram que a altura da planta, o número de tubérculos, a acumulação de matéria seca tanto no caule como no tubérculo aumentaram significativamente com a aplicação da dose recomendada de fertilizantes (RDF) em comparação com a prática dos agricultores e a aplicação apenas de estrume do quintal.

Meena *et al.* (2013) observaram que a aplicação de vermicomposto equivalente a 120 kg de N/ha foi a melhor fonte e permaneceu a par com Vermicomposto 90, FYM 120, FYM 90 e N 120, P 25, K 35 kg/ha para atributos de crescimento e rendimento de milho pop. Também se verificou uma tendência semelhante no que respeita ao rendimento de grãos e de palha. Devido à fertilidade residual da FYM (equivalente a 120 kg

N/ha), a batata registou a maior altura de planta, LAI, número de haulms e matéria seca em haulms. Tanto o FYM (equivalente a 90 kg N/ha) como o vermicomposto (equivalente a 120 kg N/ha) apresentaram efeitos semelhantes ao FYM @ 120 kg N/ha.

Narayan *et al.* (2013) relataram que o uso integrado de fontes inorgânicas e orgânicas de nutrientes melhorou significativamente o rendimento da batata com 75% da dose recomendada de fertilizante + 8 t/ha de vermicomposto + Azotobactor e PSB.

Rosen *et al.* (2014), com base em diferentes experiências, concluíram que a aplicação de P promove o rápido desenvolvimento da copa, a divisão das células radiculares, a formação de tubérculos, a síntese de amido e a otimização do rendimento dos tubérculos, do teor de sólidos e da qualidade nutricional. Pode ser utilizado de forma eficiente quando aplicado em banda na plantação (por exemplo, 5 cm de cada lado da semente) e com a água de irrigação quando as raízes da batata estão suficientemente próximas da superfície do solo.

Sahu *et al.* (2014) realizaram uma experiência com quinze combinações de tratamentos que consistiam em diferentes níveis de FTR (75, 100 e 150% NPK) e diferentes fertilizantes orgânicos (FYM, PSB e Azotobacter). Entre os tratamentos com fertilizantes inorgânicos, o FTR a 150% teve melhor desempenho do que os outros tratamentos, enquanto no caso dos tratamentos com fertilizantes orgânicos, o PSB + Azotobacter foi superior aos outros. O retorno bruto mais elevado (Rs. 271480/ha), o retorno líquido (Rs. 192827.52/ha) e o rácio benefício: custo (Rs. 2.45) foram obtidos com 150% RDF com PSB + Azotobacter.

Turuko e Mohammed (2014) realizaram uma experiência de campo para investigar as respostas do feijão comum a diferentes níveis de fertilizante de fósforo. Os resultados revelaram que a aplicação de fósforo aumentou significativamente o rendimento da matéria seca, os componentes do rendimento e os parâmetros de crescimento, como a área foliar e o número de ramos por planta, enquanto o seu efeito não foi significativo na altura da planta.

Yadav *et al.* (2014) realizaram experiências sobre a gestão integrada de nutrientes, nomeadamente 100% da dose recomendada de fertilizantes (RDF 120 kg N + 52,8 kg P + 50 kg K/ha), 75% RDF e 25% da dose recomendada de azoto (RDN) através de estrume de curral (FYM), 50% RDF e 50% RDN através de FYM, 25% RDF e 75% RDN através de FYM, 100% RDN 18º através de FYM e controlo (sem aplicação de fertilizantes e estrume). O uso integrado de fertilizantes sintéticos e adubos orgânicos mostrou um impacto significativo nos atributos de crescimento e rendimento da batata. O número médio mais elevado (984,2 x 103/ha) e o rendimento de tubérculos (12,4 t/ha) foram registados com a aplicação de 75% de RDF através de fertilizantes e 25% de RDN através de FYM, que foi significativamente superior aos restantes tratamentos.

Fernandes *et al.* (2015) verificaram que a adubação com Fósforo aumentou os teores de P e amido, o tamanho e a produtividade de tubérculos comercializáveis, com resposta mais expressiva para maiores taxas de P nos solos com baixa e média disponibilidade de P.

Sayed *et al.* (2015) observaram aumentos significativos no rendimento total e comercializável das culturas de batata em parcelas tratadas com 50% dos fertilizantes minerais recomendados mais 23,8 t/ha de composto com ou sem biofertilizante, bem como em parcelas que receberam composto à taxa de 35.7 t/ha, em comparação com as parcelas tratadas com a dose completa de fertilizante mineral mais 11,9 t/hacomposto (controlo) e sugeriu que a produção biológica de batata (ao nível de 23,8 t/ha de composto) poderia ser uma alternativa à produção convencional sem redução significativa do rendimento.

Suh *et al.* (2015) relataram que os fertilizantes inorgânicos parecem reduzir o pH do solo, enquanto o esterco de vaca aumentou o carbono orgânico, a matéria orgânica e os cátions trocáveis no solo. A combinação do uso de fertilizantes orgânicos (esterco de vaca: 200 t/ha) e inorgânicos (NPK: 200 kg/ha ou foliar 5l/ha), aumentou significativamente ($p<0,05$) a produtividade da batata e o uso combinado de fertilizantes orgânicos e inorgânicos parece ser o tratamento mais adequado para o cultivo da batata.

Misgina (2016) investigou o efeito significativo das taxas de fertilizantes de fósforo e potássio no número de caules e tubérculos por planta, peso médio dos tubérculos, rendimento de biomassa, rendimento comercializável e rendimento total de tubérculos de batata e recomendou a aplicação de 89,7 kg/ha de P2O5 e 100 kg/ha de K2O para obter um maior rendimento de tubérculos.

CAPÍTULO III

MATERIAIS E MÉTODOS

A presente investigação teve como tema a "Otimização das necessidades de fósforo da cultura da batata (*Solanum tuberosum* L.) através de fontes orgânicas e inorgânicas". Os materiais utilizados e a metodologia adoptada na experiência de campo e nos laboratórios são concisamente elucidados neste capítulo. Os parâmetros edáficos e climáticos influenciam o crescimento e o rendimento da cultura, para além do efeito dos tratamentos. Por isso, estes parâmetros são descritos de forma sucinta neste capítulo.

O estudo referido neste capítulo foi efectuado na exploração agrícola de investigação da Estação Central de Investigação da Batata do ICAR, Gwalior (MP), durante a estação *Rabi* de 2015-16. Os materiais utilizados e as técnicas adoptadas no decurso dos estudos são abordados a seguir de forma sucinta:

A. Localização, clima e dados meteorológicos

Gwalior está situada a 26° 13' de latitude norte e 78° 14' de longitude leste e 206 metros acima do nível médio das águas do mar, no sector norte de M.P., com um clima subtropical, com temperaturas extremas até 48 °C no verão e temperaturas mínimas tão baixas como 4,0 °C durante o inverno. A precipitação anual varia entre 750 e 800 mm, a maior parte da qual é recebida entre o final de junho e o final de setembro, com poucos aguaceiros nos meses de inverno. As condições meteorológicas foram normais durante a época de cultivo, com uma temperatura média máxima e mínima durante o período de crescimento de 28,80^{O} C e 11,44^{O} C, respetivamente. A precipitação total recebida durante o período de outubro de 2015 a fevereiro de 2016 foi de 13,00 mm. Os dados meteorológicos médios semanais recebidos durante a experimentação do Observatório Meteorológico - Faculdade de Agricultura, Gwalior são apresentados na Tabela 3.1 e nas Figuras 3.1a e 3.1b.

Tabela 3.1: Dados meteorológicos registados durante a época agrícola de 2015-16.

Met. Semana	Temperatura (0C)		Humidade (%)		Rainfal (mm)	Evaporação (mm)
	Máximo.	Min.	Manhã	Noite		
40	37.7	19.7	77.1	26.0	000.0	5.4
41	37.4	20.8	60.0	22.7	000.0	6.6
42	37.1	21.0	80.7	28.5	000.0	4.7
43	35.1	17.2	79.2	31.1	000.0	3.9
44	29.2	14.7	91.1	41.5	005.0	2.9
45	32.1	17.3	79.2	39.8	000.0	3.1
46	31.9	11.6	85.2	28.4	000.0	2.5
47	29.2	10.3	91.4	28.3	000.0	2.0
48	29.3	12.0	84.7	44.4	000.0	1.9
49	28.2	9.0	93.0	56.3	000.0	1.7
50	29.7	9.2	93.1	24.4	000.0	1.4
51	21.9	3.9	93.7	33.2	000.0	1.1
52	23.6	5.6	88.8	28.7	000.0	2.0
1	27.0	7.7	94.2	33.1	000.0	1.6
2	26.6	8.9	89.8	38.5	000.0	1.5
3	18.9	7.0	95.0	69.4	008.0	0.8
4	23.0	5.6	92.4	39.5	000.0	1.4
5	25.7	8.4	91.4	40.7	000.0	2.4
6	25.0	7.6	91.4	36.7	000.0	2.6
7	27.1	11.1	84.1	39.4	000.0	2.8

8	29.2	11.7	87.0	31.1	000.0	2.8

Fonte: Observatório Meteorológico, Escola Superior de Agricultura, Gwalior

B. Sítio experimental

A experiência foi realizada na quinta de investigação do ICAR - Central Potato Research Station (CPRS), Gwalior (M.P.) durante a estação *Rabi* de 2015-16 e os estudos laboratoriais foram efectuados na Central Potato Research Station, Gwalior Department of Agronomy e Department of Soil Science and Agricultural Chemistry, College of Agriculture, RVSKVV Gwalior. A topografia do campo era uniforme, com drenagem adequada.

C. Amostragem do solo

Antes da plantação, foram colhidas amostras de solo superficial a uma profundidade de 0-15 cm de diferentes locais representativos do local experimental, misturadas cuidadosamente e agrupadas numa amostra composta, que foi submetida a análises físico-químicas segundo procedimentos laboratoriais normalizados, após trituração e peneiração através de um crivo de malha de 2 mm. O solo do campo experimental era de textura franco-argilosa siltosa. Os pormenores das características do solo são apresentados no quadro 1.

D. Composição mecânica do solo

Uma leitura do Quadro 3.2 mostra que o solo é classificado como franco-argiloso siltoso.

Quadro 3.2: Composição mecânica do solo

S. Não.	Componente	Percentagem (em peso)	Método utilizado
1.	Areia	42.04	Pelo método do hidrómetro (Buoyoucos, 1936)
2.	Silte	30.66	
3.	Argila	27.12	
4.	Classe textural	Argila siltosa	
5.	Estrutura	Granulado	Sensação e aparência
6.	Densidade aparente	1,28 g/m^3	Por método de amostragem com núcleo
7.	Densidade das partículas	2,62 g/m^3	Por picnómetro

8.	Capacidade de retenção de água	44.47 %	Por keen razkowaski cup

E. Composição química do solo

A composição química do solo recolhido a 0-15 cm de profundidade antes da plantação é apresentada no quadro 3.3.

Os dados relativos a vários componentes químicos, apresentados no quadro 3.4, mostram claramente que o solo do campo experimental era rico em potássio, médio em fósforo, mas baixo em carbono orgânico e em azoto disponível.

Tabela 3.3: Composição química do solo

S.N.	Componente do solo	Conteúdo	Métodos utilizados
1.	pH	7.4	Medidor de pH de elétrodo de vidro de Blackman (Muhur *et al.* 1965)
2.	Condutividade eléctrica (dS/ m) a 25 C°	0.23	Método de Solubridge (Richard, 1954)
3.	Carbono orgânico (%)	0.37	Método de titulação rápida de Walkley e Black (Piper, 1950).
4.	Azoto disponível (kg/ha)	165.93	Método alcalino (Subbiah e Asiza, 1956)
5.	Fósforo disponível (kg/ha)	20.35	Método de Olsen (Olsen *et al.*, 1954)
6.	Potássio disponível (kg/ha)	395.20	Fotómetro de chama (Muhur *et al.*, 1965)

F. Historial anterior das culturas no local experimental

O historial de culturas do local experimental durante os três anos anteriores está resumido no Quadro 3.4.

Tabela 3.4: História anterior do campo experimental

S. Não.	Ano	Estação *Kharif*	Época *Rabi*
1	2012-13	Adubo verde	Batata
2	2013-14	Adubo verde	Batata
3	2014-15	Adubo verde	Batata

G. Pormenores experimentais

O experimento foi conduzido em delineamento de blocos casualizados (DBR) com quatro repetições. Havia 10 tratamentos. Os pormenores experimentais são apresentados a seguir:

Conceção	:	R.B.D.
Tratamentos	:	10
Réplicas	:	04
Total de parcelas	:	40
Dimensão bruta da parcela	:	4,2 m x 4 m
Dimensão líquida da parcela	:	3,0 m x 4 m
Dose recomendada de fertilizante	:	180:80:120(N: P2O5: K2O)
		kg/ha
Espaçamento	:	60 cm x 20 cm
Variedade de batata	:	Kufri Jyoti

Taxa de sementeira	:	3,5t/ha
Data de plantação	:	19/10/2015

H. Pormenores do tratamento

T1: Prática de aplicação de fósforo pelos agricultores (180:120:60 kg N : P2O5 : K2O/ha, respetivamente

T2: Zero P2O5 /ha (controlo)

T3: 30 kg P2O5/ha através de fertilizante

T4: 60 kg P2O5/ha através de fertilizante

T5: 90 kg P2O5/ha através de fertilizante

T6: 120 kg P2O5 /ha através de fertilizante

T7: 50% P2O5 através de FYM + 50 % P2O5 através de fertilizante

T8: 50% P2O5 através de vermicomposto + 50% P2O5 através de fertilizante

T9: 100% P2O5 através de FYM

T10:100% P2O5 através de vermicomposto

Nota: N, P e K aplicados através de ureia, DAP e MOP, respetivamente.

Quadro 3.5: Detalhes sobre a cultivar experimentada

Variedades	**Kufri Jyoti**
Ano de lançamento	1968
Rendimento médio	30 t/ha
Maturidade	Médio (90-100 dias)
Características	• Adequado para cultivo em colinas, planícies e planaltos. • Ampla adaptabilidade, bulker precoce e taxa de degeneração lenta. • Fácil de cozinhar, textura farinhenta, sabor suave, sem descoloração após a cozedura. • Ocupa mais de 60% da superfície cultivada com batata na Índia. • Moderadamente resistente ao míldio precoce e tardio da batateira. • Imune à doença das verrugas. • Altamente sensível à fissuração

J. Acções culturais:

1) Preparação do terreno

O campo experimental foi preparado com uma lavoura profunda com charrua de discos, seguida de duas gradagens de discos cruzados e de um cultivo com cultivador. Após cada operação, foi efectuada a plantação. O campo foi bem pulverizado com a grade de discos e foi nivelado com a ajuda da "Pata (Planker)". A disposição das parcelas experimentais foi feita de acordo com as especificações mencionadas no plano de disposição (Fig.) com a ajuda de fita métrica, corda e estacas de bambu. O campo foi dividido em 40 parcelas com canais de irrigação e caminho. Em cada parcela foram preparados camalhões a 60 cm de distância. A altura dos cumes foi mantida em 20 cm e havia 7 cumes em cada parcela.

2) Brotamento (Chitting):

Os tubérculos de batata-semente foram retirados do armazenamento a frio e mantidos à sombra da batata durante 15 dias antes da plantação para uma germinação adequada. Foram colocadas cortinas grossas em todas as janelas para evitar a entrada direta de luz solar e manter um arejamento adequado. A germinação ocorreu em 15 dias.

3) Tratamento de tubérculos de semente

O tratamento das sementes foi efectuado com uma solução de ácido bórico a 3,0 %, mergulhando os tubérculos durante 30 minutos para controlar as doenças do solo e dos tubérculos, antes de manter os tubérculos de semente em câmara frigorífica.

4) Plantação

Os tubérculos-semente foram plantados manualmente a uma distância uniforme de sessenta centímetros entre linhas e vinte centímetros de distância entre planta a planta. A plantação foi efectuada a 19 de outubro de 2015. Foi utilizada uma taxa de sementes uniforme de 3,5 t/ha para a plantação.

5) Gestão de ervas daninhas:

A gestão de ervas daninhas é uma das operações importantes para alcançar um rendimento ótimo na batata. Para este efeito, o Metribuzin foi utilizado como herbicida de pré-emergência (um dia após a plantação) a 500 g a.i. /ha em cada tratamento.

6) Gestão de fertilizantes

A batata, tendo um sistema radicular esparso, responde bem aos nutrientes aplicados. A cultura da batata requer uma grande quantidade de nutrientes - azoto, fósforo e potássio - para um bom crescimento e desenvolvimento da cultura da batata. Todos os fertilizantes orgânicos e inorgânicos, bem como os estrumes, foram aplicados de acordo com o tratamento. Meia dose de nitrogénio e doses completas de fósforo e potássio foram aplicadas através de ureia, fosfato de dia-amónio (DAP) e muriato de potássio (MOP), respetivamente, como dose basal na altura da plantação, enquanto o nitrogénio restante foi aplicado na altura do arranque através de ureia. Os fertilizantes foram aplicados de acordo com os tratamentos. Todos os três fertilizantes utilizados para o tratamento basal foram misturados antes da aplicação e foram colocados 5-7 cm abaixo dos tubérculos-semente antes do plantio. A restante meia dose de nitrogénio foi aplicada no momento do arranque, misturando-se no solo aos 25 DAP.

7) Funcionamento interculturais

A sacha foi efectuada antes da ligação à terra, aos 24 DAP, para proporcionar melhores condições de crescimento às plantas, gestão das ervas daninhas e aplicação do N remanescente.

8)Ligação à terra

O aterramento foi feito após a aplicação de nitrogénio. Foi feito aos 25 DAP usando uma pá para que um bom quantum de solo fosse colocado nos sulcos.

9) Irrigação:

A primeira irrigação foi efectuada imediatamente após a plantação, uma vez que esta foi feita em condições de solo seco. Isto assegura o estabelecimento adequado da planta de batata. As regas subsequentes foram efectuadas com intervalos de 15 a 20 dias até à maturidade, através do método de rega por sulcos, sempre que necessário para a cultura da batata.

10)Arranque e colheita do Haulm:

O desenraizamento da cultura da batata foi efectuado aos 100 DAP e a colheita foi feita 10 dias após o desenraizamento utilizando uma pá, manualmente. A linha de parcelas de rede foi colhida primeiro, seguida pelas linhas de fronteira. Durante a escavação, teve-se o cuidado de minimizar as lesões nos tubérculos.

11) Classificação:

Após a colheita, os tubérculos de batata foram mantidos durante 15-20 dias para a cura. Os tubérculos foram classificados em quatro grupos com base no peso e no tamanho do tubérculo: <25 g, 25 - 50 g, 50 - 75 g, >75 g e <3 cm, 3 - 4 cm, 4 - 5 cm, >5 cm, respetivamente.

K. Observações a registar

As observações registadas durante o inquérito são apresentadas a seguir:

Procedimentos de amostragem

Foram amostradas aleatoriamente cinco plantas de batata nas linhas interiores de cada parcela, deixando as linhas fronteiriças. As plantas amostradas foram cuidadosamente desenterradas, as raízes foram cuidadosamente lavadas em água corrente, colocadas em sacos de plástico rotulados e levadas para o laboratório onde os parâmetros de crescimento e rendimento foram registados. As amostras de plantas foram divididas em várias fracções de plantas (folha, raiz e tubérculo) e, após secagem ao sol, as amostras foram secas em estufa.

S.NO.	Nome das operações	Data	Observação
1.	Amostragem do solo	17-10-2015	Manualmente com pá e khurpi
2.	Preparação do terreno	17-10-2015	Por trator
3.	Disposição do campo	18-10-2015	Manualmente, com a ajuda de fita métrica, paus e corda
4.	Plantação de batatas	19-10-2015	Manualmente
5.	Pulverização de herbicidas	21-10-2015	Por pulverizador de mochila
6.	Irrigação I	23-10-2015	Poço de tubos
7.	Irrigação II	08-11-2015	Poço tubular

8.	Aplicação de N	19-11-2015	Manualmente
9.	Enxada e ligação à terra	15-11-2015	Manualmente por pá
10.	Irrigação III	23-11-2015	Poço tubular
11.	Instalação de fita adesiva amarela para controlo dos afídeos	21-11-2015	Manualmente
12.	Irrigação IV	09-12-2015	Poço tubular
13.	Irrigação V	24-12-2015	Poço tubular
14.	Irrigação VI	12-01-2016	Poço tubular
15.	Arranque do Haulm	26-01-2016	Manualmente
16.	Colheita de tubérculos	04-02-2016	Manualmente
17.	Classificação dos tubérculos	08-02-2016	Manualmente

foram submetidas a secagem em estufa a 62°C até atingirem um peso constante. As amostras completamente secas foram pesadas e o teor de matéria seca (MS) das diferentes partes da planta foi medido e expresso em g/planta.

a) Estudos pré-colheita

1. Parâmetro de crescimento:

I) População de plantas:

Após 24 DAP e maturidade, a população de plantas foi registada separadamente em cada tratamento.

II) Altura da planta:

De cada parcela, foram seleccionadas aleatoriamente cinco plantas e fixadas estacas perto de cada planta selecionada para marcar as plantas seleccionadas para observação de registos. A altura da planta foi medida desde o nível do solo até ao topo da planta aos 30, 60 DAP e na maturidade. A altura média das plantas foi calculada e mencionada em cm.

III) Caule/planta:

O número de caules de cinco plantas seleccionadas de cada parcela foi registado e a média foi calculada. O número de caules foi contado em 5 plantas marcadas seleccionadas aleatoriamente aos 30, 60 DAP e na maturidade. Após a contagem, foi calculada a média para obter o número de caules/planta.

IV) Folhas/planta

O número de folhas foi contado em 5 plantas marcadas seleccionadas aleatoriamente em cada tratamento aos 30, 60 DAP e na maturidade. A média das folhas contadas foi calculada para obter o número de folhas/planta.

V) Biomassa fresca (peso/planta)

Aos 30, 60 DAP e na maturidade, a biomassa fresca foi registada com base em cinco plantas seleccionadas aleatoriamente. As plantas seleccionadas foram escavadas e lavadas cuidadosamente com água para remover o solo inerte. Estas plantas foram pesadas juntamente com o tubérculo da planta em causa desenraizada. Foi calculada a média da biomassa fresca por planta (g).

VI) Peso fresco da raiz/planta

O peso fresco da raiz (g) foi registado em cinco plantas desenraizadas seleccionadas aleatoriamente aos 30, 60 DAP e na maturidade. Estas plantas foram desenraizadas com muito cuidado para evitar danificar os pêlos radiculares e foram lavadas cuidadosamente com água para remover o solo da raiz e separadas da planta com a ajuda de um pequeno seizer e o peso foi registado. Foi calculado o peso fresco médio (g) das raízes/planta.

VII) Comprimento da raiz/planta

O comprimento da raiz (cm) foi registado depois de separar a raiz da planta desenraizada com a ajuda de uma escama e um fio aos 30, 60 DAP e na maturidade. Foi calculado o comprimento médio da raiz por planta.

VIII) Matéria seca/planta

Depois de registar o peso da biomassa fresca (g) aos 30, 60 DAP e na maturidade, as amostras de plantas foram secas ao sol e depois colocadas numa estufa de ar quente para secar a 62^0 C até se obter um peso constante. A produção de matéria seca por planta foi calculada dividindo a biomassa seca por cinco.

IX) Peso seco das raízes/planta

Depois de registar o peso fresco (g) das raízes, as raízes separadas foram secas ao ar e mais tarde foram mantidas num forno de ar quente a 62^0 C até se obter um peso constante. As raízes secas no forno foram pesadas em gramas aos 30, 60 DAP e na maturidade. O peso seco das raízes/planta foi calculado.

2. Atributos de rendimento

I) Número de tubérculos/planta

O número de tubérculos/planta foi contado a partir de cinco plantas arrancadas ao acaso de cada tratamento aos 30, 60 DAP e na maturidade e depois foi calculada a média.

II) Peso fresco do tubérculo/planta

O peso fresco (g) dos tubérculos de cinco plantas desenraizadas e seleccionadas aleatoriamente foi registado aos 30, 60 DAP e na maturidade com a ajuda de uma balança digital e, em seguida, o peso médio foi calculado.

III) Peso seco do tubérculo/planta (g)

Depois de registar o peso fresco dos tubérculos, foram amostrados aleatoriamente 100 g do lote de tubérculos de cada parcela. Os tubérculos amostrados foram cortados para secagem. Os tubérculos foram secos ao sol e depois mantidos no forno de ar quente a 62^0 C para secagem no forno até se obter um peso constante. As amostras secas na estufa foram pesadas e calculou-se a média para obter o peso seco por planta dos tubérculos aos 30, 60 DAP e na maturidade.

3. Parâmetros fisiológicos

I) Taxa de crescimento relativo (g/g/dia):

É a taxa de aumento do peso seco por unidade de peso seco já presente e é expressa em g/g/dia (Blackman, 1919) e foi determinada aos 30, 60 DAP e na maturidade. A taxa de crescimento relativo em vários estádios foi calculada da seguinte forma

Taxa de crescimento relativo (RGR)

$$= \frac{(\log_e W_2 - \log_e W_1)}{(t_2 - t_1)}$$

Onde,

W1= Peso seco da planta (g) no momento t1
W2= Peso seco da planta (g) no momento t2
t_2 - t1 = Intervalo de tempo em dias

II) Taxa de crescimento absoluto (g/dia):

A taxa de crescimento absoluto (TCA) é a produção de matéria seca por unidade de tempo (g/dia), que foi calculada utilizando a fórmula dada por Radford (1967).

Taxa de crescimento absoluto (g/dia)

$$= \frac{W_2 - W_1}{t_2 - t_1}$$

Onde,

W1 = Peso seco da planta (g) no momento t1
W2 = Peso seco da planta (g) no momento t2

III) Relação raiz : rebento:

É a proporção de raiz para rebento e foi determinada aos 30, 60 e maturidade.

b) . Estudos pós-colheita

1. Rendimento

I) Rendimento por parcela

As hastes de todas as plantas de cada parcela foram colhidas e pesadas separadamente para obter o rendimento por parcela na parcela líquida e expresso em kg por parcela.

II) Rendimento do camião/ha

O rendimento total do lanço foi registado nas parcelas individuais da rede no momento da colheita (kg/parcela) e convertido em t/ha.

III) Rendimento de tubérculos/parcela

Os tubérculos da parcela líquida (kg/parcela) foram colhidos e pesados separadamente para obter o rendimento por parcela.

IV) Rendimento de tubérculos/ha

A produção total de tubérculos (kg/parcela) registada nas parcelas individuais (parcela líquida) no momento da colheita foi convertida em t/ha.

V) Rendimento biológico

O produto total de cada parcela da rede foi pesado com a ajuda de uma balança digital em kg por parcela e convertido em t/ha.

A produção de tubérculos e de hastes foi adicionada para obter o rendimento biológico. O rendimento biológico foi calculado com a seguinte fórmula.

Rendimento biológico (t/ha) = Rendimento de tubérculos (t/ha) + Rendimento de caules (t/ha)

VI) Índice de colheita (%)

O índice de colheita é a relação entre o rendimento económico (produção de tubérculos) e o rendimento biológico total, expresso em percentagem. Foi calculado de acordo com a fórmula abaixo sugerida pela fórmula de Blackmans (1968):

$$\text{Harvest index (\%)} = \frac{\text{Economical yield (tuber t/ha)}}{\text{Biological yield (haulm + tuber yield t/ha)}} \times 100$$

c) Estudos laboratoriais:

Antes da plantação e após a colheita da cultura, foram colhidas amostras de solo e de plantas de cada tratamento e analisadas quanto aos principais nutrientes, nomeadamente azoto, fósforo e potássio, nos laboratórios do ICAR- CPRS, Gwalior e do departamento de Agronomia, Faculdade de Agricultura, RVSKVV, Gwalior (M.P.). Os métodos utilizados para a determinação de todos estes nutrientes nas amostras de solo, plantas e tubérculos são os seguintes

1. Análise do solo

Amostragem do solo:

Para o presente estudo, foram recolhidas amostras de solo com a ajuda de um trado tubular de cada parcela dos tratamentos acima mencionados, representando a camada de arado (15 cm). A partir destas amostras, foram obtidas amostras compostas representativas do solo para cada tratamento. Cada amostra composta consistiu numa mistura de três subamostras de diferentes locais de cada parcela para garantir uma amostra representativa da parcela selecionada para amostragem. A massa de cada amostra recolhida foi reduzida a cerca de 500 g, adoptando a técnica do corte em quartos. Estas amostras de solo foram limpas, secas ao ar, esmagadas com um pilão de madeira e um almofariz, passadas por um peneiro de aço inoxidável de 2 mm e armazenadas em sacos de polietileno à temperatura ambiente para análise.

A) Análise física

I) Densidade a granel:

É a massa de um volume de solo seco, incluindo sólidos e espaços, e é determinada como

$$B.D. = \frac{W_S}{V_S + V_P}$$

Onde,

WS = Peso do solo
VS = Volume de sólidos
VP = Volume dos poros

II) Densidade das partículas

É a massa de uma unidade de volume de sólidos do solo e é determinada como

$$P.D. = \frac{\text{Mass of soil}}{\text{Volume of soil}}$$

Onde,

P. D. = Densidade das partículas

III) Estrutura do solo

É a disposição das partículas primárias do solo e dos seus agregados num determinado padrão definido.

IV) Textura do solo

A textura do solo é a proporção relativa de areia, silte e argila no solo e foi estimada pelo método do hidrómetro (Buoyoucos, 1936).

V) Capacidade de retenção de água do solo

A capacidade de retenção de água do solo é a capacidade máxima de retenção de água de um solo quando todos os poros estão cheios de água e é calculada como

$$\text{WHC (\%)} = \frac{\text{Weight of saturated soil} - \text{Weight of dry soil}}{\text{Weight of dry soil}} \times 100$$

B) Análise química

I) pH do solo

O pH do solo foi determinado numa suspensão 1 : 2,5 de água do solo com um medidor de pH de elétrodo de vidro (Piper, 1950).

II) Condutividade eléctrica

A suspensão de solo utilizada para as determinações do pH foi deixada assentar e a condutividade do líquido sobrenadante foi determinada utilizando um medidor de condutividade (Piper, 1950). Os resultados são expressos em dS/m a 25° C.

III) Carbono orgânico

O teor de carbono orgânico foi determinado pelo método de titulação rápida de Walkley e Black (1934), tal como descrito por Piper (1950).

IV) Azoto (N) disponível no solo

O azoto disponível no solo foi determinado através da adaptação do método do permanganato alcalino de Subbiah e Asija (1956).

V) Fósforo disponível

O teor de fósforo do solo foi estimado pelo procedimento de extração descrito por Olsen *et al.* (1954). O fósforo disponível no solo foi extraído com NaHCO3 0,5 M (pH 8,5) e a determinação foi efectuada pelo método do ácido ascórbico, tal como descrito por Miller e Keeney (1982). A absorvância da cor azul foi lida após 10 minutos, no espetrofotómetro, a 660 nm de comprimento de onda.

VI) Potássio (K) disponível no solo

O potássio disponível foi extraído com acetato de amónio normal neutro com fotómetro de chama (Muhr *et al.*, 1965).

C) Análise de plantas

Preparação de amostras de plantas

Após a colheita, as amostras de plantas colhidas (250 g de hastes e 100 g de tubérculos de cada tratamento) foram processadas e posteriormente secas em estufa de ar quente a 60 ± 2° C até se obter um peso constante para análise química, sendo depois as amostras trituradas.

Digestão das amostras

As amostras de plantas foram submetidas a uma digestão húmida para estimar vários nutrientes no tubérculo e no folhelho. Para os nutrientes que não o N, a amostra de planta foi digerida numa mistura de ácidos. Foi adicionada uma mistura de HN03 e ácido perclórico (9:4) para estimar o nutriente principal. Um grama de amostra processada foi recolhido em tubos de digestão e colocado numa câmara de digestão de baixo calor (160^{0} C). Em seguida, os tubos foram aquecidos a uma temperatura mais elevada (210° C) até cessar a produção de fumos vermelhos de NO2. O conteúdo continuou a ser evaporado até o volume ser reduzido para cerca de 3 a 5 ml, mas não até à secura, o que indica a conclusão da digestão. Após arrefecimento dos tubos, a solução foi diluída com água destilada em vidro e o volume foi completado para um balão volumétrico de 100 ml. As alíquotas desta solução foram utilizadas para a determinação de P e K.

I) Teor de nutrientes (%)

O teor de nutrientes dos tubérculos e do caule, ou seja, azoto, fósforo e potássio, foi determinado com base no peso seco aquando da colheita, de acordo com os procedimentos normalizados indicados no quadro 3.7.

Quadro 3.7 Métodos utilizados para a determinação do teor de nutrientes nas plantas.

Nutriente	Método analítico	Método utilizado
Nitrogénio	Método micro-Kjeldahl	AOAC (1965)

Fósforo	Método da cor amarela do molibdato de vanado	Koeing e Johnson, 1942
Potássio	Método fotométrico de chama	Preto (1965).

II) Absorção de nutrientes

A absorção de nutrientes do caule e do tubérculo foi calculada em kg/ha em relação ao rendimento (produção de matéria seca) por hectare, utilizando a seguinte fórmula. Absorção de nutrientes (kg) = Teor de nutrientes (%) X rendimento em base de peso seco (q/ha)

III) Absorção total de nutrientes

A absorção total de nutrientes, ou seja, azoto, fósforo e potássio, foi registada através da soma da absorção pelo tubérculo e pelo lanço para cada tratamento separadamente.

Eficiência na utilização do fósforo

A eficiência da utilização de fósforo (PUE) foi calculada com base nas fórmulas descritas por Fageria *et al.* (1997) para cada tratamento separadamente.

$$PUE = \frac{\text{Absorção total de P (kg/ha) na parcela fertilizada - Absorção total de P (kg/ha) na parcela de controlo}}{\text{P dose applied (kg/ha)}} \times 100$$

Onde,
PUE = Eficiência na utilização de fósforo (%)
P = Fósforo

d) Estudos económicos

1. Economia dos tratamentos

A recomendação e a adoção de qualquer prática pelos cultivadores depende da sua economia. Por conseguinte, torna-se essencial calcular a economia dos tratamentos testados para julgar o melhor tratamento em estudo, para obter um maior lucro líquido por hectare.

2. Custo de cultivo

Para os diferentes tratamentos, o custo total foi calculado com base nas taxas de fertilizantes em vigor no mercado, na preparação do campo, na sementeira de sementes, nos encargos de mão de obra, nas operações culturais e interculturais, etc.

3. Rendimento bruto

Para os diferentes tratamentos, os rendimentos brutos foram calculados multiplicando o rendimento pela taxa de venda do produto. A taxa de venda foi calculada com base na taxa de mercado em vigor para o produto.

4. Lucro líquido

Foi calculado por tratamento. O custo de cultivo por hectare foi subtraído do rendimento bruto para calcular o rendimento líquido de cada tratamento.

Lucro líquido (Rs./ha) = Rendimento bruto (Rs./ha) - Custo de cultivo (Rs./ha)

5. Rácio benefício : custo (BCR)

Foi calculado por tratamento. O rendimento bruto por hectare de cada tratamento foi dividido pelo custo de cultivo dos respectivos tratamentos.

Rácio B: C = Rendimento bruto / Custo total da cultura

L. Análise estatística

Os dados recolhidos foram analisados estatisticamente através da técnica de análise de variância (Fisher, 1958). Os dados assim calculados foram submetidos à análise de variância de Fisher para avaliar o efeito dos vários tratamentos. A análise de variância do esqueleto é apresentada no Quadro 3.8.

Quadro 3.8 : Esqueleto da ANOVA para a conceção da experiência

S.N.	Fonte de variação	D.F -	S.S -	M.S.S.	FCal.	FTab.
1.	Replicação	3				
2.	Tratamento	9				
3.	Erros	27		Ve		
	Total	**39**				

O teste 'F' foi aplicado para avaliar a significância do efeito de vários tratamentos. A comparação das médias correspondentes aos diferentes efeitos significativos foi efectuada utilizando a diferença crítica a um nível de significância de 5%.

$$\text{S.E. (m)} \pm = \sqrt{\frac{V_e}{r}}$$

$$\text{C.D.} = \text{S.E. (m)} \times \sqrt{2} \times \text{'t' value at 5\% level}$$

Onde,

Ve = Erro M.S. r = Réplicas

M. Representação gráfica

Os dados relativos ao estádio progressivo de crescimento são ilustrados graficamente, enquanto os relativos aos caracteres de rendimento e ao rendimento/ha são pasteurizados com a ajuda de diagramas.

Capítulo IV

RESULTADOS

Os resultados da presente investigação "Otimização das necessidades de fósforo da batata (*Solanum tuberosum L.*) através de fontes orgânicas e inorgânicas", relacionados com o impacto dos tratamentos de fósforo principalmente no crescimento, atributos de rendimento, rendimento e absorção de nutrientes da batata são incorporados e explicados neste capítulo. Os dados foram analisados estatisticamente utilizando as técnicas de análise de variância para determinar a importância dos diferentes tratamentos e as tabelas de análise de variância são apresentadas nos apêndices. Os resultados experimentais são interpretados e apresentados nos parágrafos seguintes. Os resultados importantes também foram ilustrados com a ajuda de figuras/diagramas/gráficos adequados.

A. PARÂMETROS DE CRESCIMENTO

I) População de plantas (povoamento)

O estande de plantas por parcela foi registrado aos 24 DAP e no estágio de maturidade, são apresentados na Tabela 4.1 e na Fig 4.1. A análise de variância é apresentada no Apêndice I.

Os resultados indicaram que a população de plantas não foi significativamente afetada pelos diferentes tratamentos com fósforo em ambas as fases. A população de plantas variou entre 120 a 102 e 101,75 a 103,50 aos 24 DAP e na fase de maturidade, respetivamente.

Quadro 4.1: Efeito de diferentes níveis de fósforo no estande de plantas de batata

Tratamentos	Símbolo	Plantações/parcelas	
		24 DAP	Maturidade
Prática de aplicação de fósforo pelos agricultores	Ti	120.00	103.00
ZeroP2O5 /ha(controlo)	T2	114.75	103.50
30 kg P2O5 /ha através de fertilizante	T3	113.00	102.00
60 kg P2O5/ha através de fertilizante	T4	113.25	102.75
90 kg P2O5/ha através de fertilizante	T5	118.00	103.00

120 kg de P_2 O5/ha através de fertilizante	T6	102.00	103.00
50% P O_{25} através de FYM + 50 % P O_{25} através de fertilizante	T7	115.25	103.50
50% P O_{25} através de vermicomposto + 50% P O_{25} através de fertilizante	T8	103.25	101.75
100% P O_{25} através de FYM	T9	116.75	103.50
100% P O_{25} através de vermicomposto	T10	111.50	102.25
S.E.(m)±		-	-
C.D. (a 5%)		NS	NS

Nota: Prática dos agricultores: 180:120:60 kg N: P2O5:K2O/ha, respetivamente

II) Altura da planta

A altura da planta (cm) em vários estágios de crescimento da cultura foi apresentada na Tabela 4.2 e ilustrada na Fig. 4.2. Em geral, a altura da planta aumentou com o avanço da idade da cultura, independentemente do tratamento e atingiu o máximo na maturidade. A taxa de aumento na altura da planta foi maior durante 30 a 60 DAP em comparação com 60 DAP até a maturidade. O efeito dos vários tratamentos em relação à altura da planta foi considerado significativo em todas as fases de crescimento da cultura (Apêndice II).

Aos 30 DAP, todos os diferentes tratamentos com fósforo aumentaram significativamente a altura das plantas em relação ao controlo (ZeroP2O5/ha). A altura máxima da planta (28,95 cm) foi registada com o tratamento T9 (100% P2O5 através de FYM), seguido por T10 (27,20 cm), T6 (27,10 cm), T8 (26,83 cm), T7 (26,40 cm), T1 (26,38) e T5 (25,90 cm) e todos estes tratamentos foram iguais entre si. No entanto, a altura mínima da planta (22,20 cm) foi registada com o tratamento T2 (ZeroP2O5 /ha).

Quadro 4.2: Efeito de diferentes níveis de fósforo na altura das plantas de batata

Tratamentos	Símbolo	Altura da planta (cm)		
		30 DAP	60 DAP	Maturidade

Prática de aplicação de fósforo pelos agricultores	Ti	26.38	47.21	51.27
ZeroP2O5 /ha(controlo)	T2	22.20	46.57	45.80
30 kg P2O5 /ha através de fertilizante	T3	23.95	48.57	50.45
60 kg P2O5/ha através de fertilizante	T4	23.50	48.37	50.40
90 kg P2O5/ha através de fertilizante	T5	25.90	49.38	52.05
120 kg P_2 O5/ha através de fertilizante	T6	27.10	49.79	52.50
50% P O_{25} através de FYM+ 50 % P O_{25} através de fertilizante	T7	26.40	50.15	52.10
50% P O_{25} através de vermicomposto + 50% P O_{25} através de fertilizante	T8	26.83	49.73	52.35
100% P O_{25} através de FYM	T9	28.95	53.10	55.50
100% P2O5 através de vermicomposto	T10	27.20	51.65	54.95
S.E.(m)±		1.05	0.94	1.13
C.D. (a 5%)		3.05	2.74	3.27

Nota: Prática dos agricultores: 180:120:60 kg N: P2O5:K2O/ha, respetivamente

Aos 60 DAP; a maior altura de planta (53,10 cm) foi registada com 100% P2O5 através de FYM que foi significativamente maior em comparação com o resto dos tratamentos restantes, exceto 100% P2O5 através de vermicomposto. Além disso, 50% de P2O5 através de FYM + 50% de P2O5 através de fertilizante também deu uma altura de planta significativamente maior em comparação com o controlo e também estava a par com os restantes tratamentos. Considerando que, T2 (Zero P2O5/ha) foi registado com a menor altura de planta (46,57 cm).

Na fase de maturação, 100% P2O5 através de FYM, 100% P2O5 através de vermicomposto, 120 kg P2O5/ha através de fertilizante, 50% P2O5 através de vermicomposto + 50% P2O5 através de fertilizante deram uma altura de planta significativamente maior em comparação com outros tratamentos. No entanto, estes tratamentos foram considerados iguais entre si e significativamente superiores aos restantes tratamentos. Além disso, a ordem de significância foi seguida por 50% de P2O5 através de FYM + 50% de P2O5 através de fertilizante (T7), 90 kg de P2O5/ha através de fertilizante (T5), prática dos agricultores (T1), 30 kg de P2O5/ha através de fertilizante (T3) e 60 kg de P2O5 através de fertilizante/ha (T4). A menor altura de planta (45,80 cm) foi registada na parcela ZeroP2O5 /ha (controlo), que foi significativamente inferior em comparação com outros tratamentos.

III) Biomassa fresca/planta:

A biomassa da planta em vários estágios de crescimento da cultura foi apresentada na Tabela 4.3 e ilustrada na Fig. 4.3. Em geral, a biomassa da planta aumentou com o avanço da idade da cultura e atingiu o máximo na fase de maturidade. A taxa de aumento da biomassa da planta foi maior entre 30 e 60 DAP do que entre 60 DAP e o estágio de maturidade. O efeito de vários tratamentos com respeito à biomassa da planta foi considerado significativo em todos os estágios de crescimento da cultura (Apêndice-III).

Aos 30 DAP, todos os diferentes tratamentos com fósforo tiveram efeitos significativos na biomassa fresca em relação ao controlo (ZeroP2O5 /ha). A biomassa máxima da planta (187,08 g) foi registada com o tratamento T6 e estava a par com T1 (prática dos agricultores), T5 (90 kg P2O5/ha através de fertilizante), seguido por T9 (162,10 g), T4 (154,00 g), T10 (1145,60 g) e T8 (143,30 g) e todos estes tratamentos foram estatisticamente iguais entre si. No entanto, a biomassa mínima das plantas (130,70 g) foi registada no tratamento T2 (ZeroP2O5/ha).

Tabela 4.3: Efeito de diferentes níveis de fósforo na biomassa fresca (g/planta) da batata

Tratamentos	Símbolo	Biomassa fresca/planta		
		30 DAP	60 DAP	Maturidade
Prática de aplicação de fósforo pelos agricultores	Ti	178.43	408.00	760.00
ZeroP2O5 /ha(controlo)	T2	130.70	303.90	493.20
30 kg de P2O5 /ha através de fertilizante	T3	141.35	365.80	674.17
60 kg P2O5/ha através de fertilizante	T4	154.00	374.70	706.29
90 kg P2O5/ha através de fertilizante	T5	171.45	393.20	748.90

120 kg P_2 O5/ha através de fertilizante	T6	187.08	445.10	791.80
50% P O_{25} através de FYM + 50 % P O_{25} através de fertilizante	T7	142.30	378.20	653.00
50% P O_{25} através de vermicomposto + 50% P O_{25} através de fertilizante	T8	145.30	375.45	579.00
100% P O_{25} através de FYM	T9	162.10	329.70	623.60
100% P O_{25} através de vermicomposto	T10	145.60	335.40	708.59
S.E.(m)±		6.03	15.56	25.09
C.D. (a 5%)		17.51	45.16	72.80

Nota: Prática dos agricultores: 180:120:60 kg N: P2O5:K2O/ha, respetivamente

Aos 60 DAP, a maior biomassa vegetal (445,10) foi registada com 120 kg P2O5/ha através de fertilizante, que foi significativamente maior em comparação com o resto dos tratamentos, exceto a prática dos agricultores (408,00 g). A biomassa de planta significativamente mais baixa (303,90) foi registada no tratamento T2 (Zero P2O5/ha).

Na fase de maturação, a prática dos agricultores, a aplicação de 120 kg de P2O5/ha através de fertilizante, a prática dos agricultores, 90 kg de P2O5/ha através de fertilizante, deu uma biomassa vegetal significativamente mais elevada em comparação com outros tratamentos. No entanto, estes tratamentos foram encontrados a par uns dos outros e significativamente superiores aos restantes tratamentos. Além disso, a ordem de significância foi seguida por 100% P2O5 através de vermicomposto (T10), 60 kg P2O5/ha através de fertilizante (T4), 60 kg P2O5/ha através de fertilizante (T3) e 50% P2O5 através de FYM +50 % P2O5 através de fertilizante (T7).

A biomassa da planta foi registada na parcela ZeroP2O5/ha (controlo), que foi inferior em comparação com os outros tratamentos.

IV) Folhas/planta

Os dados relativos ao número de folhas/planta em sucessivos estádios de crescimento da cultura são apresentados no Quadro 4.4 e ilustrados de forma esquemática na Fig. 4.4. A formação de folhas por planta aumentou de forma constante em todos os tratamentos com o avanço do crescimento da planta até ao estádio de maturidade.

Tabela 4.4: Efeito de diferentes níveis de fósforo no número de folhas/planta de batata

Tratamentos	Símbolo	Folhas/planta

		30 DAP	60 DAP	Maturidad e
Prática de aplicação de fósforo pelos agricultores	Ti	49.70	50.65	62.05
ZeroP2O5 /ha(controlo)	T2	40.75	49.60	54.90
30 kg de P2O5 /ha através de fertilizante	T3	44.75	49.70	57.40
60 kg P2O5/ha através de fertilizante	T4	45.75	50.50	59.15
90 kg P2O5/ha através de fertilizante	T5	45.90	57.65	58.80
120 kg P_2 O5/ha através de fertilizante	T6	51.60	53.50	62.95
50% P O_{25} através de FYM + 50 % P O_{25} através de fertilizante	T7	46.90	56.00	63.10
50% P O_{25} através de vermicomposto + 50% P O_{25} através de fertilizante	T8	48.25	59.70	63.85
100% P O_{25} através de FYM	T9	55.23	63.65	66.95
100% P O_{25} através de vermicomposto	T10	54.95	63.15	65.75
S.E.(m)±		1.45	1.77	2.00
C.D. (a 5%)		4.21	5.14	5.80

Nota: Prática dos agricultores: 180:120:60 kg N: P2O5:K2O/ha, respetivamente

O número de folhas por planta foi contado em diferentes tratamentos aos 30, 60, DAP e no estágio de maturidade foram analisados estatisticamente. A análise de variância foi feita para todas as fases de crescimento da cultura e depois apresentada no Apêndice IV. As diferentes doses de fósforo exerceram um impacto significativo sobre este parâmetro em todas as fases de crescimento.

Um número significativamente maior de folhas (55,23, 63,65 e 66,95 /planta aos 30, 60 DAP e estágio de maturidade, respetivamente) foi registrado sob a aplicação de 100% P2O5 através de FYM (T9). Considerando que, 100% P2O5 através de vermicomposto e 120 kg P2O5/ha através de fertilizante estavam a par com T9 aos 30 DAP, enquanto 100% P2O5 através de vermicomposto e 50% P2O5 através de vermicomposto + 50% P2O5 através de fertilizante foram estatisticamente idênticos com T9 aos 60 DAP, por outro lado 100% P2O5 através de vermicomposto, 50% de P2O5 através de vermicomposto + 50% de P2O5 através de fertilizante, 50% de P2O5 através de FYM + 50% de P2O5 através de fertilizante, 120/ha kg de P2O5 através de fertilizante e prática do agricultor foram iguais ao T9 na maturidade. O número de folhas significativamente mais baixo foi registado sob ZeroP2O5/ha (T2) em todas as fases de crescimento da cultura.

V) Caule/planta

O número de caules por planta de batata foi registado em cada tratamento em diferentes intervalos de crescimento e os dados médios após análise estatística são apresentados no Quadro 4.5 e exibidos na Fig. 4.5. O efeito dos vários tratamentos no que respeita ao número de caules foi considerado significativo em todas as fases de crescimento da cultura (Anexo-V).

Aos 30 DAP, o número máximo de caule (4,08 caule/planta) foi registado com o tratamento T6 (120 kg P2O5/ha através de fertilizante), seguido do tratamento T1, T8,T7, T5, T10 e T9 com 4,05, 3,96, 3,91, 3,90, 3,84 e 3,80 caule por planta, respetivamente e todos estes tratamentos foram iguais entre si. No entanto, o valor mais baixo (3,12 caules/planta) foi obtido no tratamento T2 (ZeroP2O5/ha).

Quadro 4.5: Efeito de diferentes níveis de fósforo no caule/planta de batata

Tratamentos	Símbolo	Número de caules/planta		
		30 DAP	60 DAP	Maturidade
Prática de aplicação de fósforo pelos agricultores	T1	4.05	4.48	4.83
ZeroP2O5 /ha(controlo)	T2	3.12	3.27	3.43
30 kg de P2O5 /ha através de fertilizante	T3	3.14	3.32	3.59
60 kg P2O5/ha através de fertilizante	T4	3.58	3.84	3.98
90 kg P2O5/ha através de fertilizante	T5	3.90	3.95	4.58

120 kg de P_2 O5/ha através de fertilizante	T6	4.08	5.17	5.44
50% P O_{25} através de FYM+ 50 % P O_{25} através de fertilizante	T7	3.91	4.27	4.39
50% P O_{25} através de vermicomposto + 50% P O_{25} através de fertilizante	T8	3.96	4.14	4.64
100% P O_{25} através de FYM	T9	3.80	3.93	4.00
100% P2O5 através de vermicomposto	T10	3.84	4.00	4.80
S.E.(m)±		0.11	0.12	0.15
C.D. (a 5%)		0.32	0.35	0.43

Nota: Prática dos agricultores: 180:120:60 kg N: P2O5:K2O/ha, respetivamente

Aos 60 DAP, todos os diferentes tratamentos com fósforo aumentaram significativamente o número de caules por planta em relação à testemunha (ZeroP2O5/ha). O máximo de caule/planta (5,17) foi registado no tratamento T6 (120 kg P2O5/ha através de fertilizante). Além disso, o tratamento T1 (prática dos agricultores) também deu um número significativamente maior de caule (4,48 caule/planta), seguido por T7 (4,27 caule/planta), T8 (4,14 caule/planta) e estes foram estatisticamente idênticos entre si. No entanto, o mínimo (3. caule/planta) foi obtido no tratamento T2 (ZeroP2O5/ha).

A aplicação de 120 kg/ha de P2O5 através de fertilizante deu um número significativamente maior de caules em comparação com outros tratamentos na maturidade.

Além disso, o tratamento T1 (prática dos agricultores) também deu um número significativamente mais elevado de caules (4,83 caules/planta) seguido por T10, T8, T5 com 4,80, 4,64, 4,58 caules/planta, respetivamente, e estes tratamentos foram iguais entre si. O valor mais baixo (3,43 caules por planta) foi registado na parcela de controlo (Zero P2O5/ha), que foi inferior aos outros tratamentos.

VI) Matéria seca/planta

O peso seco por planta de batata foi registado em cada tratamento em diferentes intervalos de crescimento e os dados médios após análise estatística são apresentados no Quadro 4.6 e exibidos na Fig. 4.6 e no Anexo VI.

Aos 30 DAP, a produção de matéria seca significativamente maior por planta foi registada com o tratamento T6 (120 kg P2O5/ha através de fertilizante), T1 (prática dos agricultores) em comparação com os tratamentos restantes e ambos os tratamentos foram iguais entre si e resultaram em 16,90, 16,15 g/planta de matéria seca, respetivamente. Além disso, o tratamento T7 (50% P2O5 através de FYM + 50 % P2O5 através de fertilizante) também deu significativamente maior matéria seca (14,73 g/planta) seguido por T9, T10 que produziu 14,69, 14,42 g de matéria seca por planta, respetivamente e estes tratamentos foram estatisticamente semelhantes entre si. O menor peso seco (12,20 g/planta) foi obtido no tratamento ZeroP2O5/ha.

Aos 60 DAP, a maior matéria seca (184,18 g) foi registada com T1 (prática do agricultor) e foi igual a 120 kg P2O5/ha através de fertilizante (181,96 g). Além disso, a aplicação de 90 kg de P2O5/ha através de fertilizante também deu significativamente maior matéria seca (151,15 g), seguido por, T7 (148,54 g), T8 (147,31 g), T9 (145,19 g), T10 (145,19 g) e estes tratamentos foram iguais entre si e significativamente superiores aos restantes tratamentos.

No entanto, a menor produção de matéria seca (108,65 gramas) foi registada no tratamento T2 (ZeroP2O5/ha).

Tabela 4.6: Efeito de diferentes níveis de fósforo na produção total de matéria seca

Tratamentos	Símbolo	Matéria seca/planta (g)		
		30 DAP	60 DAP	Maturidade
Prática de aplicação de fósforo pelos agricultores	Ti	16.25	184.18	261.99
ZeroP2O5 /ha(controlo)	T2	12.20	108.65	136.94
30 kg de P2O5 /ha através de fertilizante	T3	13.20	125.48	165.33
60 kg P2O5/ha através de fertilizante	T4	14.30	137.03	182.63
90 kg P2O5/ha através de fertilizante	T5	14.40	151.15	206.95
120 kg de P_2 O5/ha através de fertilizante	T6	16.90	181.96	266.40
50% P O_{25} através de FYM+ 50 % P O_{25} através de fertilizante	T7	14.73	148.54	203.47

50% P O_{25} através de vermicomposto + 50% P O_{25} através de fertilizante	T8	14.00	147.31	201.46
100% P O_{25} através de FYM	T9	14.69	145.19	198.77
100% P O_{25} através de vermicomposto	T10	14.42	145.19	197.18
S.E.(m)±		0.23	2.57	3.23
C.D. (a 5%)		0.68	7.45	9.36

Nota: Prática dos agricultores: 180:120:60 kg N: P2O5:K2O/ha, respetivamente

No estágio de maturidade, a aplicação de 120 kg de P2O5/ha através de fertilizante (266,40 g) e a prática do agricultor (261,99 g) deram uma matéria seca significativamente maior em comparação com os outros tratamentos e esses tratamentos foram considerados iguais entre si. Além disso, a ordem de significância foi seguida por 90 kg de P2O5/ha através de fertilizante (206,95 g), 50% de P2O5 através de FYM + 50% de P2O5 através de fertilizante (203,47 g), 50% de P2O5 através de vermicomposto + 50% de P2O5 através de fertilizante (201,46 g) e 100% de P2O5 através de FYM (198,77 g). A menor produção de matéria seca foi registada na parcela ZeroP2O5/ha (136,94 g), que foi menor em comparação com outros tratamentos.

VII) Comprimento da raiz/planta

O comprimento da raiz (cm) em vários estágios de crescimento da cultura foi apresentado na Tabela 4.7 e ilustrado na Fig 4.7 e no apêndice-VII. Em geral, o comprimento da raiz aumentou com o avanço da idade da cultura e atingiu o máximo na maturidade. O efeito dos vários tratamentos em relação ao comprimento da raiz foi considerado altamente significativo em todas as fases de crescimento da cultura.

Quadro 4.7: Efeito de diferentes níveis de fósforo no comprimento da raiz da batata

Tratamentos	Símbolo	Comprimento da raiz (cm)		
		30 DAP	60 DAP	Maturidade
Prática de aplicação de fósforo pelos agricultores	Ti	13.84	15.85	16.02

ZeroP2O5 /ha(controlo)	T2	16.39	18.36	19.45
30 kg P2O5 /ha através de fertilizante	T3	15.44	17.07	17.85
60 kg P2O5/ha através de fertilizante	T4	15.21	16.93	17.37
90 kg P2O5/ha através de fertilizante	T5	15.09	16.93	17.14
120 kg de P_2 O5/ha através de fertilizante	T6	13.88	15.70	16.83
50% P O_{25} através de FYM+ 50 % P O_{25} através de fertilizante	T7	14.91	17.24	17.43
50% P O_{25} através de vermicomposto + 50% P O_{25} através de fertilizante	T8	14.52	17.28	17.41
100% P O_{25} através de FYM	T9	14.49	17.17	17.20
100% P2O5 através de vermicomposto	T10	14.27	17.06	17.30
S.E.(m)±		0.39	0.36	0.39

C.D. (a 5%)		1.14	1.06	1.13

Nota: Prática dos agricultores: 180:120:60 kg N: P2O5:K2O/ha, respetivamente

Aos 30 DAP, o tratamento T2 (controlo) registou o comprimento de raiz significativamente máximo (16,39 cm) em comparação com os restantes tratamentos, exceto o tratamento T3 (15,44 cm). Além disso, o tratamento T4 (60 kg P2O5/ha através de fertilizante) também deu consideravelmente mais comprimento de raiz (15,21 cm) e foi estatisticamente a par com os restantes tratamentos, exceto T1 (prática dos agricultores) e T6 (120 kg P2O5/ha através de fertilizante). No entanto, o comprimento mínimo da raiz (13,84 cm) foi obtido no tratamento T1 (prática dos agricultores).

Aos 60 DAP, todos os diferentes tratamentos com fósforo aumentaram significativamente o comprimento da raiz em relação ao T6 (120 kg P2O5/ha através de fertilizante). O comprimento máximo da raiz (18,36 cm) foi registado com o tratamento T2 (controlo). Além disso, o tratamento T8 (50% P2O5 através de vermicomposto + 50% P2O5 através de fertilizante) deu um comprimento de raiz significativamente maior (17,28 cm), seguido por T7 (17,24 cm), T9 (17,17 cm), T3 (17,07 cm), T10 (17,06 cm), T4 (16,93 cm), T5 (16,93 cm) e esses tratamentos foram estatisticamente idênticos entre si e superiores aos demais tratamentos. No entanto, o comprimento mínimo da raiz (15,70 cm) foi registado no tratamento T6 (120 kg P2O5/ha através de fertilizante).

Na fase de maturação, o controlo (19,45 cm) deu um comprimento de raiz significativamente mais elevado em comparação com os outros tratamentos. Além disso, o tratamento T3 também deu um comprimento de raiz significativamente mais elevado (17,85 cm) e estava a par com os restantes tratamentos, exceto a prática do agricultor, que foi registada com o comprimento de raiz mais baixo (16,02 cm) e foi mais baixa em comparação com outros tratamentos.

VIII) Peso fresco da raiz/planta

Os dados relativos ao peso fresco da raiz/planta em estágios sucessivos de crescimento da cultura são mostrados na Tabela 4.8 e ilustrados diagramaticamente na Fig. 4.8. O peso fresco da raiz por planta foi aumentado de forma constante em todos os tratamentos com o avanço do crescimento da planta até o estágio de maturidade. O efeito de vários tratamentos com respeito ao peso fresco da raiz da planta foi considerado significativo em todos os estágios de crescimento da cultura (Apêndice-VIII).

Quadro 4.8: Efeito de diferentes níveis de fósforo no peso fresco da raiz da batata

Tratamentos	Símbolo	Peso fresco da raiz/planta (g)		
		30 DAP	60 DAP	Maturidade
Prática de aplicação de fósforo pelos agricultores	T1	9.15	10.10	11.90
ZeroP2O5 /ha(controlo)	T2	7.60	8.40	9.15

30 kg de P2O5 /ha através de fertilizante	T3	8.13	8.40	9.60
60 kg P2O5/ha através de fertilizante	T4	9.10	9.10	9.90
90 kg P2O5/ha através de fertilizante	T5	9.10	9.45	10.30
120 kg de P_2 O5/ha através de fertilizante	T6	9.30	10.10	12.60
50% P O_{25} através de FYM+ 50 % P O_{25} através de fertilizante	T7	8.15	9.90	11.70
50% P O_{25} através de vermicomposto + 50% P O_{25} através de fertilizante	T8	8.95	9.80	11.40
100% P O_{25} através de FYM	T9	8.55	9.90	11.80
100% P O_{25} através de vermicomposto	T10	8.90	9.60	11.70
S.E.(m)±		0.26	0.25	0.44
C.D. (a 5%)		0.76	0.73	1.27

Nota: Prática dos agricultores: 180:120:60 kg N: P2O5:K2O/ha, respetivamente

Aos 30 DAP, todos os diferentes tratamentos de fósforo melhoraram significativamente o peso fresco da raiz em relação ao controlo (Zero P2O5/ha). O peso fresco máximo da raiz (9,30 g/planta) foi registado com o tratamento T6 (120 kg P2O5/ha através de fertilizante) e foi igual aos restantes tratamentos exceto T2, T3, T7. No entanto, o menor peso fresco da raiz (7,60 g/planta) foi obtido no tratamento ZeroP2O5/ha e foi estatisticamente igual ao tratamento T7 e T3.

Aos 60 DAP, o tratamento T6 (120 kg P2O5/ha através de fertilizante) e o tratamento T1 (prática dos agricultores) registaram ambos o peso fresco mais elevado da raiz (10,10 g/planta), que foi significativamente mais elevado em comparação com os restantes tratamentos, exceto os tratamentos T5, T7, T8, T9 e T10, e todos estes tratamentos foram estatisticamente indistinguíveis entre si. No entanto, o peso fresco mais baixo da raiz (8,40 g/planta) foi bem conhecido para o tratamento T2 (Zero P2O5/ha).

Aplicação de 120 kg P2O5/ha através de fertilizante (12.60 g), prática dos agricultores (11.90 g), 50% P2O5 através de FYM + 50 % P2O5 através de fertilizante (11.70 g), 50% P2O5 através de vermicomposto + 50% P2O5 através de fertilizante (11.40 g), 100% P2O5 através de FYM (11.80 g), 100% P2O5 através de vermicomposto (11.70 g) deu significativamente maior peso fresco de raiz em comparação com outros tratamentos na maturidade. No entanto, estes tratamentos foram considerados iguais entre si e significativamente superiores ao resto dos tratamentos. O peso fresco mais baixo (9,15 g) da raiz foi registado em ZeroP2O5/ha (controlo), que foi estatisticamente igual ao resto dos tratamentos.

IX) Peso seco da raiz/planta

As estatísticas relacionadas ao peso seco da raiz/planta (g) em estágios sucessivos de crescimento da cultura são exibidas na Tabela 4.9 e ilustradas diagramaticamente na Fig. 4.9. O efeito de vários tratamentos com respeito ao peso seco da raiz da planta foi encontrado significativamente em todos os estágios de crescimento da cultura e a análise de variância é dada no Apêndice-IX.

Aos 30 DAP, a aplicação de 120 kg P2O5/ha através de fertilizante (1,75 g) deu um peso seco de raiz significativamente maior por planta em comparação com os restantes tratamentos, exceto T1 (1,74 g), T5 (1,59 g), T7 (1,65 g), T8 (1,55 g), T9 (1,63 g), T10 (1,67 g) e estes foram estatisticamente iguais entre si. No entanto, o peso seco da raiz por planta significativamente mais baixo (1,16 g) foi registado no controlo.

Aos 60 DAP, 1,83 g de peso seco da raiz da planta foi máximo em T6 (120 kg P2O5/ha através de fertilizante), T1 (prática do agricultor) e foi igual a T3, T4, T5, T7, T9, T8, T10 enquanto que 1,42 g de peso seco da raiz da planta foi o mínimo sob controlo.

Quadro 4.9: Efeito de diferentes níveis de fósforo no peso seco da raiz da batata

Tratamentos	Símbolo	Peso seco da raiz/planta (g)		
		30 DAP	60 DAP	Maturidade
Prática de aplicação de fósforo pelos agricultores	Ti	1.74	1.83	2.09
ZeroP2O5 /ha(controlo)	T2	1.16	1.42	1.42
30 kg de P2O5 /ha através de fertilizante	T3	1.43	1.59	1.69
60 kg P2O5/ha através de fertilizante	T4	1.45	1.61	1.80

90 kg P2O5/ha através de fertilizante	T5	1.59	1.81	1.92
120 kg P_2 O5/ha através de fertilizante	T6	1.75	1.83	2.39
50% P O_{25} através de FYM+ 50 % P O_{25} através de fertilizante	T7	1.65	1.66	1.68
50% P O_{25} através de vermicomposto + 50% P O_{25} através de fertilizante	T8	1.55	1.58	1.59
100% P O_{25} através de FYM	T9	1.63	1.67	1.95
100% P2O5 através de vermicomposto	T10	1.53	1.67	1.75
S.E.(m)±		0.07	0.09	0.07
C.D. (a 5%)		0.20	0.25	0.22

Nota: Prática dos agricultores: 180:120:60 kg N: P2O5:K2O/ha, respetivamente

Na maturidade, a aplicação de 120 kg de P2O5/ha através de fertilizante deu um peso seco de raiz significativamente maior (2,39 g) por planta em relação aos outros tratamentos. Além disso, a prática dos agricultores deu um peso seco de raiz visivelmente maior (2,09 g) por planta em comparação com os tratamentos restantes, exceto T5 (1,92 g), T9 (1,95 g). No entanto, o tratamento T2 (ZeroP2O5/ha) deu o menor peso seco de raiz por planta em comparação com outros tratamentos.

B. ATRIBUTOS DE RENDIMENTO

I) Número de tubérculos/planta

Os dados relativos ao número de tubérculos/planta nos sucessivos estádios de crescimento da cultura são apresentados no Quadro 4.10 e ilustrados esquematicamente na Fig. 4.10. A formação de tubérculos por planta aumentou gradualmente em todos os tratamentos com o avanço do crescimento da planta até à maturidade e são apresentados no Anexo-X.

O número de tubérculos por planta contados nos diferentes tratamentos aos 30, 60 DAP e nos estádios de maturação foi analisado estatisticamente. A análise de variância foi feita para todas as fases de crescimento da cultura e depois apresentada na secção do Apêndice. As diferentes doses de fósforo exerceram um impacto significativo sobre este parâmetro em todas as fases de crescimento.

Aos 30 DAP, o maior número de tubérculos (6,40 tubérculos/planta) foi registado com o tratamento T6 (120 kg P2O5 através de fertilizante/ha) como em comparação com os restantes tratamentos. Além disso, o tratamento T1 (prática dos agricultores) deu notavelmente mais número de tubérculos (4,60/planta) em comparação com os tratamentos restantes. No entanto, o tratamento T7 (3,50 tubérculos/planta) mostrou-se consideravelmente superior aos tratamentos T2, T3, T8, T9, T10 e seguido pelos tratamentos T4 e T8, sendo estes tratamentos estatisticamente semelhantes entre si, enquanto que o número significativamente mais baixo de tubérculos (2,33/planta) foi registado no tratamento T2 (Zero P2O5/ha), que foi estatisticamente idêntico ao tratamento T3, T9, T10.

Quadro 4.10: Efeito de diferentes níveis de fósforo no número de tubérculos/planta de batata

Tratamentos	Símbolo	Número de tubérculos/planta		
		30 DAP	60 DAP	Maturidade
Prática de aplicação de fósforo pelos agricultores	Ti	4.60	7.05	9.85
ZeroP2O5 /ha(controlo)	T2	2.33	5.10	7.80
30 kg P2O5 /ha através de fertilizante	T3	2.78	5.75	8.80
60 kg P2O5/ha através de fertilizante	T4	3.25	6.90	9.10
90 kg P2O5/ha através de fertilizante	T5	3.78	7.00	9.33
120 kg P_2 O5/ha através de fertilizante	T6	6.40	8.80	11.30

50% P O_{25} através de FYM+ 50 % P O_{25} através de fertilizante	T7	3.50	6.15	8.50
50% P O_{25} através de vermicomposto + 50% P O_{25} através de fertilizante	T8	2.95	6.55	9.75
100% P O_{25} através de FYM	T9	2.80	6.05	8.95
100% P O_{25} através de vermicomposto	T10	2.53	6.65	9.15
S.E.(m)±		0.19	0.35	0.46
C.D. (a 5%)		0.54	1.01	1.34

Nota: Prática dos agricultores: 180:120:60 kg N: P2O5:K2O/ha, respetivamente

Aos 60 DAP; o maior número de tubérculos (8,80/planta) foi registado com 120 kg P2O5/ha através de fertilizante, que foi significativamente maior em comparação com o resto dos tratamentos. Além disso, os tratamentos prática dos agricultores (7,05 tubérculos/planta), 60 kg P2O5/ha através de fertilizante (6,90 tubérculos/planta), 90 kg P2O5/ha através de fertilizante (7,00 tubérculos/planta), 100% P2O5 através de vermicomposto (6,65 tubérculos/planta), 50% P2O5 através de vermicomposto + 50% P2O5 através de fertilizante (6.55 tubérculo/planta), 50% P2O5 através de FYM + 50% P2O5 através de fertilizante (6.15 tubérculo/planta) e 100% P2O5 através de FYM (6.05 tubérculo/planta) também estavam na ordem de significância e todos os tratamentos eram estatisticamente iguais entre si. O menor número de tubérculos (5,10/planta) foi registado no tratamento T2 (Zero P2O5/ha).

Na fase de maturação, a aplicação de 120 kg de P2O5/ha através de fertilizante deu um número significativamente maior de tubérculos (11,30) em comparação com outros tratamentos. No entanto, o tratamento T1 (prática dos agricultores) deu um número significativamente maior de tubérculos (9,85/planta) seguido por T8, T5, T10, T4 cada um com 9,75, 9,33, 9,15, 9,10 tubérculos/planta, respetivamente e estes tratamentos foram estatisticamente iguais entre si. Os tubérculos mais baixos (7,80/planta) foram registados no controlo (Zero P2O5/ha), que foi inferior aos outros tratamentos.

II) Peso fresco do tubérculo/planta

Os dados relativos ao peso fresco do tubérculo/planta (g) em estádios sucessivos de desenvolvimento da cultura são apresentados no Quadro 4.11 e ilustrados em diagrama na Fig. 4.11. O peso fresco do tubérculo por planta aumentou regularmente em todos os tratamentos com o avanço do crescimento da planta até à maturidade. O efeito dos tratamentos em relação ao peso fresco do tubérculo por planta foi considerado significativo em todas as fases de crescimento da cultura (Apêndice-XI)

Aos 30 DAP, todos os diferentes tratamentos com fósforo aumentaram o peso fresco dos tubérculos em relação ao controlo (ZeroP2O5/ha). O peso fresco máximo do tubérculo (6,70 g/planta) foi registado com o tratamento T6 (120 kg P2O5/ha através de fertilizante) e foi igual ao T1 (prática dos agricultores) e significativamente superior aos restantes tratamentos. Além disso, tanto o tratamento T5 (90 kg de P2O5/ha através de fertilizante) como o T4 (60 kg de P2O5/ha através de fertilizante) deram um peso fresco de tubérculo significativamente mais elevado, com 5,30 e 5,05 g/planta, respetivamente, em relação aos outros tratamentos. No entanto, o peso fresco mais baixo do tubérculo (2,40 g/planta) foi obtido no tratamento ZeroP2O5/ha e este foi igual ao T10.

Quadro 4.11: Efeito de diferentes níveis de fósforo no peso fresco dos tubérculos

Tratamentos	Símbolo	Peso fresco do tubérculo/planta (g)		
		30 DAP	60 DAP	Maturidade
Prática de aplicação de fósforo pelos agricultores	Ti	6.30	177.50	526.15
ZeroP2O5 /ha(controlo)	T2	2.40	99.20	309.10
30 kg P2O5 /ha através de fertilizante	T3	3.30	118.95	365.85
60 kg P2O5/ha através de fertilizante	T4	5.05	133.90	437.00
90 kg P2O5/ha através de fertilizante	T5	5.30	156.40	484.60
120 kg de P_2 O5/ha através de fertilizante	T6	6.70	179.80	563.40
50% P O_{25} através de FYM+ 50 % P O_{25} através de fertilizante	T7	3.80	145.80	440.70
50% P O_{25} através de vermicomposto + 50% P O_{25} através de fertilizante	T8	3.68	149.43	479.75

100% P O_{25} através de FYM	T9	3.35	135.00	426.20
100% P O_{25} através de vermicomposto	T10	3.00	137.40	469.20
S.E.(m)±		0.30	4.02	18.47
C.D. (a 5%)		0.87	11.67	53.61

Nota: Prática dos agricultores: 180:120:60 kg N: P2O5:K2O/ha, respetivamente

Aos 60 DAP, o tratamento T6 (120 kg P2O5/ha através de fertilizante) registou o maior peso fresco do tubérculo (179,80 g/planta) que foi significativamente superior em comparação com o resto dos tratamentos exceto T1 (177,50 g/planta) e ambos os tratamentos foram estatisticamente indistinguíveis entre si. Além disso, o tratamento T5 (90 kg P2O5/ha através de fertilizante) deu melhores resultados do que o controlo, seguido por T7, T8 e estes foram estatisticamente semelhantes entre si. No entanto, o peso fresco do tubérculo significativamente mais baixo (99,20 g/planta) foi registado no tratamento T2 (Zero P2O5/ha).

No estádio de maturação, a aplicação de 120 kg de P2O5/ha através de fertilizante (T6) e a prática dos agricultores (T1) deram um peso fresco de tubérculo significativamente mais elevado em comparação com os outros tratamentos. No entanto, estes tratamentos foram considerados iguais entre si e significativamente superiores aos restantes tratamentos. Além disso, a ordem de significância foi seguida por 90 kg de P2O5/ha através de fertilizante (T5), 50% de P2O5 através de vermicomposto + 50% de P2O5 através de fertilizante (T8), 100% de P2O5 através de vermicomposto (T10), 50% de P2O5 através de FYM + 50% de P2O5 através de fertilizante (T7), 60 kg de P2O5/ha através de fertilizante (T4), 100% de P2O5 através de FYM (T9) e 30 kg de P2O5/ha através de fertilizante (T3). O peso fresco do tubérculo significativamente mais baixo foi registado em ZeroP2O5/ha (controlo), que foi significativamente mais baixo em comparação com outros tratamentos.

III) Peso seco do tubérculo/planta

O peso seco do tubérculo por planta (g) em vários estágios de crescimento da cultura foi apresentado no Quadro 4.12 e ilustrado na Figura 4.12. Em geral, o peso seco do tubérculo por planta aumentou com o avanço da idade da cultura e atingiu o máximo na maturidade. A taxa de aumento no peso seco do tubérculo foi maior durante 60 DAP até o estágio de maturidade em comparação com 30 a 60 DAP. O efeito de vários tratamentos em relação ao peso seco do tubérculo foi considerado significativo em todas as fases de crescimento da cultura (Apêndice XII).

Aos 30 DAP, todos os diferentes tratamentos com fósforo melhoraram significativamente o peso seco dos tubérculos em relação ao controlo (ZeroP2O5/ha). O peso seco máximo do tubérculo (0,17 g/planta) foi registado com o tratamento T6 (120 kg P2O5/ha através de fertilizante), seguido por T1 e T5 e estes tratamentos foram iguais entre si. Além disso, T4, T8, T9 estavam na ordem de significância com 0,14, 0,14, 0,13 g de peso seco de tubérculo/planta, respetivamente. No entanto, um peso seco de tubérculo significativamente menor (0,03 g/planta) foi obtido no tratamento ZeroP2O5/ha.

Aos 60 DAP, o maior peso seco de tubérculos (25,75 g/planta) foi registado com 120 kg P2O5/ha através de fertilizante (T6), que foi significativamente maior em comparação com os restantes tratamentos, exceto T1 (23,49 g/planta). Além disso, o tratamento T8 (100% P2O5 através de vermicomposto) deu consideravelmente mais peso seco de tubérculos (22,93 g/planta), seguido por, T7 (22,81 g/planta) e T5 (20,98 g/planta) e estes tratamentos foram estatisticamente iguais entre si. No entanto, o tratamento T2 (ZeroP2O5/ha) deu o menor peso seco de tubérculo (13,52 g/planta) em comparação com o tratamento acima mencionado.

Quadro 4.12: Efeito de diferentes níveis de fósforo no peso seco dos tubérculos

Tratamentos	Símbolo	Peso seco do tubérculo/planta (g)		
		30 DAP	60 DAP	Maturidad e
Prática de aplicação de fósforo pelos agricultores	T1	0.15	23.49	89.27
ZeroP O_{25} /ha(controlo)	T2	0.03	13.52	54.12
30 kg de P O_{25} /ha através de fertilizante	T3	0.09	15.58	62.56
60 kg de P O_{25} /ha através de fertilizante	T4	0.14	18.47	70.81
90 kg P O_{25} /ha através de fertilizante	T_5	0.15	20.98	73.21
120 kg P O_{25} /ha através de fertilizante	T6	0.17	25.75	93.21
50% P O_{25} através de FYM+ 50 % P O_{25} através de fertilizante	T7	0.13	22.81	66.56
50% P O_{25} através de vermicomposto + 50% P O_{25} através de fertilizante	T8	0.14	22.93	66.27

100% P O25 através de FYM	T9	0.13	18.09	65.37
100% P O25 através de vermicomposto	T10	0.09	15.01	66.88
S.E.(m)±		0.01	0.84	2.93
C.D. (a 5%)		0.02	2.45	8.51

Nota: Prática dos agricultores: 180:120:60 kg N: P2O5:K2O/ha, respetivamente

Na fase de maturação, a aplicação de 120 kg de P2O5/ha através de fertilizante (93,21 g/planta) e a prática do agricultor (89,27 g/planta) deram um peso seco de tubérculo significativamente maior em comparação com os outros tratamentos e estes tratamentos foram considerados semelhantes entre si e significativamente superiores ao resto do tratamento. Além disso, a aplicação de 90 kg de P2O5/ha através de fertilizante (73,21 g/planta) também deu um peso seco de tubérculo significativamente maior, seguido por T4, T10, T7, T9, T8, com 70,81, 66,88, 66,56, 65,37, 66,27 g de peso seco de tubérculo por planta, respetivamente, e estes tratamentos foram estatisticamente idênticos entre si. No entanto, o peso seco mínimo dos tubérculos (54,12 g) foi registado no controlo e foi inferior aos outros tratamentos.

IV) Número de tubérculos/parcela por grau

Os dados da cultura da batata relativos ao número de tubérculos por parcela são apresentados no Quadro 4.13 e representados graficamente na Fig. 4.13.

Os dados registados foram analisados estatisticamente e a ANOVA é apresentada no Apêndice-XIII. Os dados revelaram que todos os diferentes tratamentos com fósforo têm um impacto significativo no número de tubérculos por parcela.

O tratamento T2 (controle) registrou o número máximo (253,50) de tubérculos por parcela (47,52% do total de tubérculos) abaixo de <25 g (< 3 cm) sobre outros tratamentos, exceto T3 (30 kg P2O5/ha através de fertilizante) seguido por T4, T5, T6, T1, T7, T8, T9 com 238,50, 223,25, 213,25, 203,25, 202,25, 194,00, 156,75 número de tubérculos por parcela, respetivamente. No entanto, o tratamento T10 (100% P2O5 através de vermicomposto) deu menor número de tubérculos (148,25) por parcela em comparação com outros tratamentos. Enquanto o tratamento T6 registou um número significativamente máximo (156,50) de tubérculos por parcela (20,84 por cento do total de tubérculos) sob 25-50 g (3-4) cm em comparação com o resto do tratamento seguido por T1, T5, T4, T10, T9, T8, T7, T3 e T2 com 146,25, 141,00, 116,75, 100,50, 103,25, 102,50, 101,25, 98,75 e 74,75 número de tubérculos por parcela, respetivamente.

Quadro 4.13: Efeito de diferentes níveis de fósforo no número de tubérculos de batata

Tratamentos	Símbolo	Número de tubérculos/parcela

		<25 g < 3 cm)	25-50 g ' 3-4 cm)	50-75 g (4-5 cm)	>75 g (> 5 cm)	Total
Prática de aplicação de fósforo pelos agricultores	Ti	203.25	146.25	131.7 5	235.00	716.25
ZeroP2O5 /ha(controlo)	T2	253.50	74.75	79.25	126.00	533.50
30 kg P2O5/ha através de fertilizante	T3	244.50	98.75	87.50	153.50	584.25
60 kg P O_{25} /ha através de fertilizante	T4	238.50	116.75	110.2 5	184.00	649.50
90 kg P2O5/ha através de fertilizante	T5	223.25	141.00	122.2 5	204.50	691.00
120 kg P2O5/ha através de fertilizante	T6	213.25	156.50	136.7 5	244.50	751.00
50% P2O5 através de FYM+ 50 % P2O5 através de fertilizante	T7	202.25	101.25	92.50	213.50	609.50
50% P2O5 através de vermicomposto + 50% P2O5 através de fertilizante	T8	194.00	102.50	97.25	195.25	589.00

100% P2O5 através de FYM	T9	156.75	103.25	91.50	208.00	559.50
100% P2O5 através de vermicomposto	T10	148.25	100.50	94.75	184.00	527.50
S.E.(m)±		3.79	3.19	2.15	4.90	7.27
C.D. (a 5%)		11.00	9.26	6.25	14.23	21.09

Nota: Prática dos agricultores: 180:120:60 kg N: P2O5:K2O/ha, respetivamente

No entanto, o tratamento T2 (controlo) deu o menor número de tubérculos por parcela (74,75) em comparação com outros tratamentos. Por outro lado, o tratamento T6 (120 kg P2O5/ha através de fertilizante) registou um número significativamente mais elevado de tubérculos por parcela (74,75) em comparação com os outros tratamentos.

(136.75) número de tubérculos por parcela (18.21 % do total de tubérculos) sob 50-75 g (4-5 cm) sobre outros tratamentos exceto T1 (prática dos agricultores) seguido por T5, T4, T8, T10, T7, T9, T3 e T2 com 122.25, 110.25, 97.25, 94.75, 92.50, 91.50, 87.50 e 79.25 número total de tubérculos por parcela, respetivamente. No entanto, o tratamento T2 (controlo) deu o menor número de tubérculos por parcela em comparação com os outros tratamentos. Considerando que, o tratamento T6 (120 kg P2O5/ha através de fertilizante) registou um número significativamente maior (244,50) de tubérculos por parcela (32,56 % do total de tubérculos) sob >75 g (>5 cm) em comparação com outros tratamentos, exceto T1 (prática dos agricultores) seguido por T7, T9, T5, T8, T10, T4, T3 e T2 com 213.50, 208.00, 204.50, 195.25, 184, 184, 153.50 e 126 número de tubérculos por parcela respetivamente No entanto, o tratamento T2 (controlo) deu o menor número de tubérculos por parcela.

V) Número total de tubérculos/parcela

Os dados do número de tubérculos por parcela são apresentados na Tabela 4.13 e mostrados graficamente na Fig. 4.13. Os dados foram analisados estatisticamente e a ANOVA é apresentada no Apêndice-XIII.

A aplicação de 120 kg de P2O5/ha através de fertilizante (T6) registou um número significativamente mais elevado de tubérculos por parcela (751,00) do que os outros tratamentos. Além disso, a prática dos agricultores registou um número significativamente maior de tubérculos por parcela (716,25) em comparação com o resto dos tratamentos. No entanto, o menor número de tubérculos por parcela (533,50) foi registado no controlo.

VI) Rendimento de tubérculos por classe/parcela

Os dados relativos à produção de tubérculos (kg) por parcela são apresentados no quadro 4.14 e ilustrados na figura 4.14. Os dados registados foram analisados estatisticamente e a ANOVA é apresentada no Apêndice XIV. Os dados revelaram que os diferentes tratamentos com fósforo exerceram um efeito significativo sobre o peso do tubérculo.

O tratamento T2 (controlo) registou o peso máximo de tubérculos por parcela (3,38 kg) sob <25 g (<3 cm) seguido de T3, T4, T5 com 3,34, 3,29, 3,20 kg de peso de tubérculos por parcela, respetivamente e estes foram estatisticamente iguais entre si. No entanto, o tratamento T10 (100% P2O5 através de vermicomposto) deu um peso menor de tubérculos por parcela (2,44 kg) em comparação com outros tratamentos. Enquanto o tratamento T6 (120 kg P2O5/ha através de fertilizante) deu um peso significativamente maior (4,53 kg) de tubérculos abaixo de 25-50g (3-4 cm) sobre outros tratamentos, exceto T1 (4,43 kg), T3 (4,29 kg), T4 (4,32 kg), T5 (4,39 kg). No entanto, o tratamento T2 (controlo) registou um peso total de tubérculos inferior por parcela (3,19 kg). No caso da categoria 50-75 g (4-5 cm), o tratamento T6 (120 kg de P2O5/ha através de fertilizante) registou um peso significativamente mais elevado de tubérculos (7,72 kg) por parcela e foi igual à prática dos agricultores (7,66 kg). No entanto, o peso mínimo do tubérculo (3,21 kg) foi registado no controlo. Por outro lado, o tratamento T1 (prática dos agricultores) registou um peso máximo de tubérculos por parcela (27,14 kg) com >75 g (>5 cm), seguido de T6, T5, T9 com 26,84, 25,81, 25,71 kg de peso de tubérculos por parcela, respetivamente, e estes foram estatisticamente iguais entre si. No entanto, o tratamento T2 (controlo) registou um peso mínimo (15,41 kg) de tubérculos.

Quadro 4.14: Efeito de diferentes níveis de fósforo na produção de tubérculos de batata

Tratamentos	Símbolo	Rendimento dos tubérculos kg/parcela			
		<25 g (< 3 cm)	25-50 g (3-4 cm)	50-75 g (4-5 cm)	>75 g (>5 cm)
Prática de aplicação de fósforo pelos agricultores	Ti	2.87	4.43	7.66	27.14
ZeroP2O5 /ha(controlo)	T2	3.38	3.19	3.21	15.41
30 kg de P2O5 /ha através de fertilizante	T3	3.34	4.29	5.73	21.84
60 kg P2O5/ha através de fertilizante	T4	3.29	4.32	6.02	23.15
90 kg P2O5/ha através de fertilizante	T5	3.20	4.39	6.51	25.81
120 kg de P_2 O5/ha através de fertilizante	T6	2.98	4.53	7.72	26.84

50% P O_{25} através de FYM+ 50 % P O_{25} através de fertilizante	T7	2.94	4.10	5.62	25.37
50% P O_{25} através de vermicomposto + 50% P O_{25} através de fertilizante	T8	2.80	3.49	5.42	20.40
100% P O_{25} através de FYM	T9	2.50	3.78	4.70	25.71
100% P O_{25} através de vermicomposto	T10	2.44	4.19	4.43	22.19
S.E.(m)±		0.09	0.09	0.13	0.48
C.D. (a 5%)		0.26	0.25	0.38	1.39

Nota: Prática dos agricultores: 180:120:60 kg N: P2O5:K2O/ha, respetivamente

VII) Rendimento de tubérculos por classe t/ha

Os dados relativos ao rendimento de tubérculos por grau (t/ha) são apresentados no quadro 4.15 e ilustrados na Fig. 4.15. Os dados registados foram analisados estatisticamente e a ANOVA é apresentada no Apêndice-XV. Os dados revelaram que todos os diferentes tratamentos com fósforo tiveram um efeito significativo na produção de tubérculos por grau.

Quadro 4.15: Efeito de diferentes níveis de fósforo na produção de tubérculos de batata

Tratamentos	Símbolo	Rendimento de tubérculos (t/ha)			
		<25 g (< 3 cm)	25-50 g (3-4 cm)	50-75 g 4 -5 cm)	>75 g (> 5 cm)
Prática de aplicação de fósforo pelos agricultores	Ti	2.39	3.69	6.38	22.62

ZeroP2O5 /ha(controlo)	T2	2.81	2.66	2.68	12.84
30 kg de P2O5 /ha através de fertilizante	T3	2.78	3.57	4.78	18.20
60 kg P2O5/ha através de fertilizante	T4	2.75	3.60	5.02	19.29
90 kg P2O5/ha através de fertilizante	T5	2.67	3.66	5.42	21.51
120 kg de P_2 O5/ha através de fertilizante	T6	2.48	3.78	6.43	22.37
50% P O_{25} através de FYM+ 50 % P O_{25} através de fertilizante	T7	2.45	3.41	4.69	21.15
50% P O_{25} através de vermicomposto + 50% P O_{25} através de fertilizante	T8	2.34	2.91	4.52	17.00
100% P O_{25} através de FYM	T9	2.09	3.15	3.92	21.42
100% P O_{25} através de vermicomposto	T10	2.04	3.49	3.69	18.49

S.E.(m)±		0.08	0.07	0.11	0.40
C.D. (a 5%)		0.22	0.21	0.32	1.16

Nota: Prática dos agricultores: 180:120:60 kg N: P2O5:K2O/ha, respetivamente

O tratamento T2 (controlo) registou o rendimento máximo de tubérculos por ha (2,81 t) sob <25 g (<3 cm) seguido por T3, T4, T5 com 2,78, 2,75, 2,67 t de rendimento de tubérculos por ha, respetivamente e estes foram estatisticamente iguais entre si. No entanto, o tratamento T10 (100% P2O5 através de vermicomposto) deu o menor rendimento de tubérculos (2,04 t/ha) em comparação com outros tratamentos. Enquanto o tratamento T6 (120 kg P2O5/ha através de fertilizante) deu um rendimento significativamente maior (3,78 t) de tubérculos sob 25-50g (3-4 cm) sobre outros tratamentos, exceto T1 (3,69 t), T3 (3,57 t), T4 (3,60 t), T5 (3,66 t). No entanto, o tratamento T2 (controlo) registou uma menor produção de tubérculos (2,66 t). Enquanto que no caso de 50-75 g (4-5 cm), o tratamento T6 (120 kg P2O5/ha através de fertilizante) registou um rendimento significativamente mais elevado de tubérculos (6,43 t/ha) e foi igual à prática dos agricultores (6,38 t/ha). No entanto, a produção mínima de tubérculos (2,68 t/ha) foi registada na parcela de controlo. Por outro lado, o tratamento T1 (prática do agricultor) registou um rendimento máximo de tubérculos (22,62 t/ha) com >75 g (>5 cm), seguido de T6, T5, T9 com 22,37, 21,51, 21,42 t/ha, respetivamente, e estes foram estatisticamente iguais entre si. No entanto, o tratamento T2 (controlo) registou um rendimento mínimo (12,84 t/ha) de tubérculos.

VIII) Tubérculo de rachadura kg/parcela

Os dados de produção de tubérculos rachados por parcela são apresentados na Tabela 4.16 e mostrados graficamente na Fig. 4.16a. Os dados foram analisados estatisticamente e a ANOVA é apresentada no Apêndice-XVI.

O peso do tubérculo rachado kg/parcela foi significativamente afetado pelos diferentes tratamentos com fósforo. O peso máximo de tubérculos rachados (7,76 kg/parcela) foi observado sob a prática dos agricultores (T1) superior aos outros tratamentos. Além disso, o tratamento T6 (120 kg P2O5/ha através de fertilizante) também produziu um peso significativamente maior de tubérculos rachados (6,7 kg/parcela) em comparação com os restantes tratamentos, exceto o T5 (90 kg P2O5/ha através de fertilizante). No entanto, o menor peso de tubérculos rachados (2,55 kg/parcela) foi registado em T9 (100% P2O5 através de FYM).

IX) . Tubérculo de crack t/ha

A produção de tubérculos rachados t/ha é um parâmetro importante da cultura da batata e tornou-se mais importante no caso da variedade 'Kufri Jyoti' devido ao grave problema de rachaduras nesta variedade. Os dados do rendimento de tubérculos rachados t/ha são apresentados no Quadro 4.16 e mostrados graficamente na Fig. 4.16a. Os dados foram analisados estatisticamente e a ANOVA é apresentada no Apêndice-XVI.

Quadro 4.16: Efeito dos níveis de fósforo nos tubérculos rachados da batata

Tratamentos	Símbolo	Número		Rendimento	
		trama	ha	kg/parcela	t/ha

Prática de aplicação de fósforo pelos agricultores	Ti	58.74	489.50	7.76	6.47
ZeroP2O5 /ha(controlo)	T2	28.67	238.92	3.17	2.64
30 kg P2O5 /ha através de fertilizante	T3	28.89	240.75	3.72	3.10
60 kg P2O5/ha através de fertilizante	T4	34.00	283.33	4.76	3.97
90 kg P2O5/ha através de fertilizante	T5	48.44	403.67	6.70	5.58
120 kg de P_2 O5/ha através de fertilizante	T6	72.00	600.00	6.77	5.64
50% P O_{25} através de FYM+ 50 % P O_{25} através de fertilizante	T7	30.25	252.08	4.09	3.41
50% P O_{25} através de vermicomposto + 50% P O_{25} através de fertilizante	T8	32.11	267.58	4.49	3.74
100% P O_{25} através de FYM	T9	28.00	233.33	2.55	2.13
100% P O_{25} através de vermicomposto	T10	29.00	241.67	2.93	2.44
S.E.(m)±		1.51	12.58	0.24	0.20

C.D. (a 5%)		4.39	36.58	0.71	0.59

Nota: Prática dos agricultores: 180:120:60 kg N: P2O5:K2O/ha, respetivamente

A produção de tubérculos rachados t/ha foi significativamente afetada pelos diferentes tratamentos com fósforo. O rendimento máximo de tubérculos rachados (6,47 t/ha) foi observado sob a prática dos agricultores, superior aos outros tratamentos. Além disso, o tratamento T6 (120 kg P2O5/ha através de fertilizante) também produziu um rendimento significativamente maior de tubérculos rachados (5,64 t/ha) em comparação com os restantes tratamentos, exceto o T5 (90 kg P2O5/ha através de fertilizante). No entanto, o menor rendimento de tubérculos rachados (2,13 t/ha) foi registado em T9 (100% P2O5 através de FYM).

X) Número de tubérculos rachados

Os dados relativos a este estudo foram analisados estatisticamente e a análise de variância é dada no Apêndice-XVI e retratada na Tabela 4.16 e ilustrada na Fig 4.16b, onde se observou que um número significativamente maior de tubérculos rachados foi registado sob T6 (120 kg P2O5/ha através de fertilizante) e foi superior ao resto dos tratamentos no caso de ambos por parcela e por ha. Além disso, o tratamento T1 (prática dos agricultores) também deu um número significativamente maior de tubérculos rachados em comparação com os demais tratamentos. No entanto, o número mínimo de tubérculos rachados foi registado sob 100% P2O5 através de FYM (T9), que foi inferior aos outros tratamentos.

C. PARÂMETRO FISIOLÓGICO

I) Relação raiz : rebento

Os dados relativos ao rácio raiz : rebento em fases sucessivas de crescimento da cultura são apresentados no Quadro 4.17 e ilustrados diagramaticamente na Fig. 4.17 e no apêndice-XVII.

O rácio raiz: rebento foi observado em diferentes tratamentos a 30, 60, DAP e maturidade, foram analisados estatisticamente. A análise de variância foi feita para todas as fases de crescimento da cultura e depois apresentada na secção do Apêndice. As diferentes doses de fósforo exerceram um impacto significativo sobre este parâmetro em todas as fases de crescimento da cultura. O rácio raiz/parte aérea variou entre 0,50 e 0,74, 0,32 e 0,39, 0,31 e 0,42 para 30 DAP, 60 DAP e fase de maturidade, respetivamente.

Aos 30 DAP, o tratamento T2 (controlo) registou uma relação raiz: rebento significativamente máxima (0,74) em comparação com os outros tratamentos. Além disso, ambos os tratamentos T3 (30 kg de P2O5/ha através de fertilizante) e T4 (60 kg de P2O5/ha através de fertilizante) deram uma relação significativamente maior em comparação com os restantes tratamentos, cada um com uma relação de 0,65. No entanto, a aplicação de 100% P2O5 através de FYM registou um rácio mínimo (0,50) de raiz: rebento e foi inferior aos outros tratamentos.

Aos 60 DAP, a maior relação raiz/parte aérea (0,39) foi registada com o controlo, que foi significativamente maior em comparação com o resto dos tratamentos. No entanto, a relação raiz/parte aérea mínima (0,32) foi registada em T6 (120 kg P2O5/ha através de fertilizante) e T9 (100% P2O5 através de FYM).

Quadro 4.17: Efeito de diferentes níveis de fósforo na relação raiz: rebento da batata

Tratamentos	Símbolo	Relação raiz : rebento		
		30 DAP	60 DAP	Maturidad e
Prática de aplicação de fósforo pelos agricultores	Ti	0.53	0.34	0.31

ZeroP2O5 /ha(controlo)	T2	0.74	0.39	0.42
30 kg P2O5 /ha através de fertilizante	T3	0.65	0.35	0.35
60 kg P2O5/ha através de fertilizante	T4	0.65	0.35	0.34
90 kg P2O5/ha através de fertilizante	T5	0.59	0.34	0.33
120 kg de P_2 O5/ha através de fertilizante	T6	0.51	0.32	0.32
50% P O_{25} através de FYM + 50 % P O_{25} através de fertilizante	T7	0.57	0.34	0.34
50% P O_{25} através de vermicomposto + 50% P O_{25} através de fertilizante	T8	0.54	0.35	0.33
100% P O_{25} através de FYM	T9	0.50	0.32	0.31
100% P2O5 através de vermicomposto	T10	0.53	0.33	0.32
S.E.(m)±		0.02	0.01	0.01
C.D. (a 5%)		0.07	0.03	0.03

Nota: Prática dos agricultores: 180:120:60 kg N: P2O5:K2O/ha, respetivamente

Na maturidade, o tratamento T2 (controlo) registou uma relação raiz: rebento significativamente mais elevada (0,42) em comparação com os restantes tratamentos. No entanto, a razão raiz: rebento mais baixa (0,31) foi registada nos tratamentos T9 (100% P2O5 através de vermicomposto) e T1 (prática dos agricultores).

II) Taxa de crescimento absoluto (TCA):

Os dados médios relativos à AGR (g/dia) nos estádios 0-30, 30-60 DAP e 60-maturidade foram submetidos a cálculos estatísticos. A análise de variância foi efectuada para todas as fases de crescimento da cultura, que são apresentadas no Apêndice-XVIII. Os diferentes tratamentos com fósforo influenciaram significativamente este parâmetro em todas as fases de crescimento da cultura.

A leitura dos dados na Tabela 4.18 e na Fig. 4.18 revelou que a AGR, em geral, tendeu a aumentar até 30-60 DAP e depois diminuiu até o estágio de maturidade 60 em todos os tratamentos. A AGR variou de 0,41 a 0,56, 3,21 a 5,60, 0,94 a 2,81 g/dia nos estágios 0-30, 30-60 DAP e 60-maturidade, respetivamente, em diferentes tratamentos.

Aos 0-30 DAP, o tratamento T6 (120 kg P2O5/ha através de fertilizante) registou uma AGR significativamente mais elevada (0,56 g/dia) sobre o resto dos outros tratamentos, exceto T1 (prática dos agricultores). Além disso, ambos os tratamentos T7 (50% P2O5 através de FYM + 50 % P2O5 através de fertilizante) e T9 (100% P2O5 através de FYM) deram significativamente maior (0,49 g / dia cada) AGR sobre T2, T3 e estes foram a par com os restantes tratamentos. No entanto, o tratamento T2 (controlo) registou o menor (0,41 g/dia) AGR em comparação com os outros tratamentos.

Aos 30-60 DAP, a prática dos agricultores deu significativamente maior AGR (5,60 g / dia) em comparação com o tratamento restante, exceto T6 (120 kg P2O5 / ha através de fertilizantes). Além disso, o tratamento T5 (90 kg P2O5/ha através de fertilizante) também deu significativamente maior AGR (4,56 g/dia), seguido por T7 (4,46 g/dia), T8 (4,44 g/dia), T9 (4,35 g/dia), T10 (4,36 g/dia) e estes foram estatisticamente idênticos entre si. No entanto, o tratamento de controlo (ZeroP2O5/ha) registou a menor AGR (3,21 g/dia).

Quadro 4.18: Efeito de diferentes níveis de fósforo na RFA da batata

Tratamentos	Símbolo	AGR (g/dia)		
		0-30 DAP	30-60 DAP	60-Maturidade
Prática de aplicação de fósforo pelos agricultores	T1	0.54	5.60	2.60
ZeroP2O5 /ha(controlo)	T2	0.41	3.21	0.94
30 kg de P2O5 /ha através de fertilizante	T3	0.44	3.74	1.33
60 kg P2O5/ha através de fertilizante	T4	0.48	4.09	1.52
90 kg P2O5/ha através de fertilizante	T5	0.48	4.56	1.86
120 kg P_2 O5/ha através de fertilizante	T6	0.56	5.50	2.81

50% P O_{25} através de FYM+ 50 % P O_{25} através de fertilizantes	T7	0.49	4.46	1.83
50% P O_{25} através de vermicomposto + 50% P O_{25} através de fertilizante	T8	0.47	4.44	1.81
100% P O_{25} através de FYM	T9	0.49	4.35	1.79
100% P2O5 através de vermicomposto	T10	0.48	4.36	1.74
S.E.(m)±		0.008	0.09	0.12
C.D. (a 5%)		0.023	0.25	0.35

Nota: Prática dos agricultores: 180:120:60 kg N: P2O5:K2O/ha, respetivamente

Aos 60 meses de maturação, a aplicação de 120 kg de P2O5/ha através de fertilizante (2,80 g/dia) e a prática dos agricultores (2,60 g/dia) registaram uma AGR significativamente máxima em comparação com os restantes tratamentos e estes foram iguais entre si. No entanto, observou-se um mínimo de AGR (0,94 g/dia) na parcela de controlo.

III) Taxa de crescimento relativo (RGR)

Os diferentes tratamentos com fósforo influenciaram significativamente este parâmetro em todas as fases de crescimento da cultura (apêndice-XIX).

A leitura dos dados no Quadro 4.19 e na Fig. 4.19 revelou que o RGR (mg/g/dia), em geral, tendeu a diminuir até ao estádio de maturidade 60 em todos os tratamentos a partir dos 0-30 DAP. A RGR variou de 83,37 a 94,23, 72,81 a 80,93, 7,81 a 12,70 mg/g/dia de RGR aos 0-30 DAP, e 30-60 DAP, estádio de maturidade 60, respetivamente, em diferentes tratamentos.

Aos 0-30 DAP, o tratamento T6 (120 kg P2O5/ha através de fertilizante) registou um RGR significativamente mais elevado (94,23 mg/g/dia) do que os restantes tratamentos, exceto o T1 (prática dos agricultores). Além disso, o tratamento T7 (50% P2O5 através de FYM + 50 % P2O5 através de fertilizante) deu significativamente maior (89,64 mg/g/dia) RGR sobre T2, e foi a par com os restantes tratamentos. No entanto, o tratamento T2 (controlo) deu o RGR mais baixo (83,37 mg/g/dia) em comparação com os outros tratamentos.

Aos 30-60 DAP, a prática dos agricultores deu uma RGR significativamente maior (80,93 mg/dia) em comparação com o tratamento restante, exceto T6 (120 kg P2O5/ha através de fertilizante). Além disso, o tratamento T5 (90 kg P2O5/ha através de fertilizante) também deu RGR significativamente mais alto (78,37 mg/g/dia), seguido por T8 (78,44 mg/g/dia), T7 (77,03 mg/g/dia), T10 (77,00 mg/g/dia), T9 (76,38 mg/g/dia) e estes foram estatisticamente idênticos entre si. No entanto, o tratamento de controlo (ZeroP2O5/ha) foi registado com o RGR mais baixo (72,81 mg/g/dia).

Aos 60 DAP - maturidade, a aplicação de 120 kg de P2O5/ha através de fertilizante (12,70 mg/g/dia) e a prática do agricultor (11,71 mg/g/dia) registaram um RGR significativamente mais elevado em comparação com os restantes tratamentos e estes foram estatisticamente iguais entre si. No entanto, foi observado um RGR mínimo (7,81 mg/g/dia) na parcela de controlo.

Quadro 4.19: Efeito de diferentes níveis de fósforo no RGR da batata

Tratamentos	Símbolo	RGR (mg/g/dia)		
		0-30 DAP	30-60 DAP	60-Maturidade
Prática tradicional de aplicação nutricional (prática dos agricultores)	T1	92.93	80.93	11.71
ZeroP2O5 /ha(controlo)	T2	83.37	72.81	7.81
30 kg de P2O5 através de fertilizante/ha	T3	86.00	75.06	9.20
60 kg de P2O5 através de fertilizante/ha	T4	88.67	75.32	9.59
90 kg de P2O5 através de fertilizante/ha	T5	88.90	78.37	10.49
120 kg de P2O5 através de fertilizante /ha	T6	94.23	79.23	12.70

50% P O_{25} através de FYM + 50 % P O_{25} através de fertilizante	T7	89.64	77.03	10.51
50% P O_{25} através de vermicomposto+50% P O_{25} através de fertilizante	T8	87.96	78.44	10.45
100% P2O5 através de FYM	T9	89.56	76.38	10.46
100% P O_{25} através de vermicomposto	T10	88.94	77.00	10.21
S.E.(m)±		1.40	0.82	0.74
C.D. (a 5%)		4.08	2.39	2.13

Nota: Prática dos agricultores: 180:120:60 kg N: P2O5:K2O/ha, respetivamente

D. RENDIMENTO

I) . Rendimento de tubérculos/parcela

A produção de tubérculos por parcela (kg) é um parâmetro importante da cultura da batata. Os dados da produção de tubérculos por parcela são apresentados na Tabela 4.20 e mostrados graficamente na Fig. 4.20. Os dados foram analisados estatisticamente e a ANOVA é apresentada no Apêndice-XX.

A produção de tubérculos por parcela foi significativamente afetada pelos diferentes tratamentos. A produção máxima de tubérculos por parcela (42,09 kg) foi registada com a prática dos agricultores (T1), que foi estatisticamente igual à aplicação de 120 kg de P2O5/ha através de fertilizante (42,07 kg). O tratamento T2 (controlo) produziu o menor rendimento estatístico de tubérculos por parcela (25,18 kg).

II) Rendimento por parcela

Os dados de rendimento de haulm por parcela (kg) são apresentados na Tabela 4.20 e mostrados graficamente na Fig. 4.20. Os dados foram analisados estatisticamente e a ANOVA é apresentada no Apêndice-XX.

O rendimento de lanço por parcela aumentou notavelmente devido ao efeito de diferentes doses de fósforo sobre o controlo. O rendimento máximo de lanço por parcela (25,34 kg) foi registado no tratamento T6 (120 kg de P2O5/ha através de fertilizante) e foi igual à prática dos agricultores (24,23 kg). Além disso, o tratamento T5 (90 kg P2O5/ha através de fertilizante) deu um rendimento significativamente maior de lanço (23,38 kg), seguido por T8 (23,28 kg), T7 (22,45 kg), T10 (22,44 kg), T9 (22,29 kg) e estes tratamentos foram estatisticamente idênticos entre si. O rendimento significativamente mais baixo do lanço (16,22 kg/parcela) foi registado no tratamento T2 (controlo).

III) Rendimento dos tubérculos t/ha:

Com base na área da parcela líquida, a produção de tubérculos por parcela (kg) foi finalmente convertida em toneladas por hectare. Os valores da produção de tubérculos, assim calculados, foram submetidos a uma análise estatística. Os resultados do Apêndice XXI revelaram que os diferentes tratamentos com fósforo tiveram um efeito significativo na produção de tubérculos, de acordo com as médias apresentadas no Quadro 4.21 e ilustradas na Figura 4.21.

Quadro 4.20: Efeito de diferentes níveis de fósforo na produção de tubérculos e de folíolos de batata

Tratamentos	Símbolo	Rendimento (kg/parcela)	
		Haulm	Tubérculo
Prática de aplicação de fósforo pelos agricultores	Ti	24.23	42.09
ZeroP2O5 /ha(controlo)	T2	16.22	25.18
30 kg de P2O5 /ha através de fertilizante	T3	17.86	35.19
60 kg P2O5/ha através de fertilizante	T4	20.99	36.79
90 kg P2O5/ha através de fertilizante	T5	23.38	39.91
120 kg P_2 O5/ha através de fertilizante	T6	25.34	42.07
50% P O_{25} através de FYM+ 50 % P O_{25} através de fertilizante	T7	22.45	38.03
50% P O_{25} através de vermicomposto + 50% P O_{25} através de fertilizante	T8	23.28	32.11
100% P O_{25} através de FYM	T9	22.29	36.68

100% P O_{25} através de vermicomposto	T10	22.44	33.25
S.E.(m)±		0.50	0.74
C.D. (a 5%)		1.46	2.13

Nota: Prática dos agricultores: 180:120:60 kg N: P2O5:K2O/ha, respetivamente

Um exame dos dados da produção de tubérculos (t/ha) revela que todos os diferentes tratamentos com fósforo aumentaram a produção de tubérculos em relação ao tratamento de controlo. Entre todos os diferentes tratamentos com fósforo, obteve-se uma produção de tubérculos significativamente mais elevada (35,07 t/ha) com a prática dos agricultores e a par com 120 kg de P2O5/ha através de fertilizante (35,05 t/ha) e ambos foram 67,13, 67,06 por cento, respetivamente, que foram superiores ao controlo. Além disso, a aplicação de 90 kg de P2O5/ha através de fertilizante deu um rendimento significativamente mais elevado e superior aos restantes tratamentos e foi 58,48% superior ao controlo. No entanto, a produção de tubérculos significativamente mais baixa (20,98 t/ha) foi registada no controlo.

IV) Rendimento do camião (t/ha)

Os dados relativos a este estudo foram analisados estatisticamente e a análise de variância é apresentada no Apêndice-XXI e retratada na Tabela 4.21 e ilustrada na Fig. 4.21.

O rendimento a granel t/ha aumentou notavelmente devido ao efeito de diferentes doses de fósforo sobre o controlo. O rendimento máximo de lanço (21,11 t/ha) foi registado no tratamento T6 (120 kg P2O5 através de fertilizante/ha) e foi igual à prática dos agricultores (20,19 t). Além disso, o tratamento T5 (90 kg P2O5/ha através de fertilizante) deu um rendimento significativamente maior (19,49 t), seguido por T8 (19,40 t), T7 (18,70 t), T10 (18,70 t), T9 (18,57 t) e estes tratamentos foram estatisticamente idênticos entre si. O rendimento estatisticamente mais baixo do lanço (13,51 t/ha) foi registado no tratamento T2 (controlo).

V) Rendimento biológico (t/ha):

Os dados relativos ao rendimento biológico da batata são apresentados no Quadro 4.21 e ilustrados na Fig. 4.21. Os dados registados foram analisados estatisticamente e a ANOVA é apresentada no Apêndice-XXI. Os dados revelaram que todos os diferentes tratamentos com fósforo aumentaram significativamente o rendimento biológico em relação ao T2 (Controlo). O rendimento biológico significativamente mais elevado (56,17 t/ha) foi registado com o tratamento T6 (120 kg P2O5/ha através de fertilizante) em comparação com outros tratamentos, exceto a prática dos agricultores (55,26 t/ha), que foi estatisticamente igual. Além disso, a aplicação de 90 kg de P2O5/ha através de fertilizante (52,74 t/ha) também foi notado significativamente superior rendimento biológico (50,40 t/ha) em comparação com os restantes tratamentos, exceto 50% P2O5 através de FYM + 50% P2O5 através de fertilizante (T7), pelo qual foi estatisticamente a par. No entanto, o rendimento biológico significativamente mínimo (34,50 t/ha) foi registado no tratamento de controlo (T2).

Quadro 4.21: Efeito de diferentes níveis de fósforo na produção de tubérculos, tubérculos e rendimento biológico, bem como no índice de colheita (%) da batata na colheita

Tratamentos	Rendimento (t/ha)

	Símbolo	Haulm	Tubérculo	Biológico	HI
Prática de aplicação de fósforo pelos agricultores	Ti	20.19	35.07	55.26	73.61
ZeroP2O5 /ha(controlo)	T2	13.51	20.98	34.50	66.13
30 kg de P2O5 /ha através de fertilizante	T3	14.87	29.32	44.20	69.99
60 kg P2O5/ha através de fertilizante	T4	17.49	30.66	48.15	71.34
90 kg P2O5/ha através de fertilizante	T5	19.48	33.25	52.74	73.12
120 kg de P_2 O5/ha através de fertilizante	T6	21.11	35.05	56.17	73.21
50% P O_{25} através de FYM+ 50 % P O_{25} através de fertilizante	T7	18.70	31.69	50.40	69.77
50% P O_{25} através de vermicomposto + 50% P O_{25} através de fertilizante	T8	19.40	26.76	46.16	64.14

100% P2O5 através de FYM	T9	18.57	30.56	49.14	67.16
100% P O_{25} através de vermicomposto	T10	18.70	27.70	46.40	66.53
S.E.(m)±		0.42	0.61	0.81	0.85
C.D. (a 5%)		1.22	1.77	2.35	2.46

Nota: Prática dos agricultores: 180:120:60 kg N: P2O5:K2O/ha, respetivamente

VI) Índice de colheita:

Os dados da cultura da batata relativos ao índice de colheita (%) são apresentados no Quadro 4.21 e representados graficamente na Fig. 4.22. Os dados registados foram analisados estatisticamente e a ANOVA é apresentada no Apêndice-XXI. Os dados revelaram que os diferentes tratamentos com fósforo têm um efeito significativo no índice de colheita (%). O valor significativamente mais alto do índice de colheita (73,61 %) foi registado em T1 (prática dos agricultores), seguido por T6 (73,21%), T5 (73,12%), T4 (71,34%) e estes tratamentos foram estatisticamente iguais entre si e também foram significativamente superiores aos restantes tratamentos. O índice de colheita mais baixo (64,14%) foi registado no tratamento T8 (50% P2O5 através de vermicomposto + 50% P2O5 através de fertilizante).

E. ANÁLISE DO SOLO

A) Propriedade física

As propriedades físicas do solo, nomeadamente a textura, a estrutura, a densidade aparente, a densidade das partículas e a capacidade de retenção de água foram determinadas antes do início da experiência e após a conclusão da mesma. Os dados são apresentados na Tabela 4.22 e ilustrados nas figuras 4.23 e 4.24. Os dados registados foram analisados estatisticamente e a ANOVA é apresentada no Anexo-XXII.

Os dados não revelaram alterações nas propriedades físicas do solo devido ao efeito de diferentes níveis de fósforo. A textura e a estrutura do solo também permaneceram inalteradas antes e depois da experiência de estabelecimento da cultura. No entanto, a densidade aparente, a densidade das partículas e a capacidade de retenção de água variaram entre 1,28 e 1,30 g/m^3 , 2,65 e 2,82 g/m^3 e 43,90 e 45,03%, respetivamente.

Tabela 4.22: Efeito de diferentes níveis de fósforo na densidade de partículas (PD), densidade aparente (BD) e capacidade de retenção de água (%) do solo

Tratamentos	Propriedade física

	Símbolo	PD $(g/m)^3$	BD $(g/m)^3$	WHC (%)
Prática de aplicação de fósforo pelos agricultores	T1	2.67	1.29	44.49
ZeroP O_{25} /ha(controlo)	T2	2.65	1.28	43.89
30 kg de P O_{25} /ha através de fertilizante	T3	2.67	1.29	43.99
60 kg de P O_{25} /ha através de fertilizante	T4	2.68	1.29	44.14
90 kg P O_{25} /ha através de fertilizante	T_5	2.66	1.29	43.90
120 kg P O_{25} /ha através de fertilizante	T6	2.71	1.29	44.42
50% P O_{25} através de FYM+ 50 % P O_{25} através de fertilizante	T7	2.65	1.30	44.43
50% P O_{25} através de vermicomposto + 50% P O_{25} através de fertilizante	T8	2.82	1.28	44.06

100% P O25 através de FYM	T9	2.67	1.28	44.48
100% P2O5 através de vermicomposto	T10	2.67	1.28	45.03
S.E.(m)±	-	-	-	
C.D. (a 5%)		NS	NS	NS
Valor inicial		2.62	1.28	44.47

Nota: Prática dos agricultores: 180:120:60 kg N: P2O5:K2O/ha, respetivamente

B) Propriedade química

As propriedades químicas do solo viz., pH, CE, carbono orgânico foram determinadas antes do início da experiência e após a conclusão da experiência sob diferentes tratamentos e apresentadas na Tabela 4.23, ilustradas na Fig 4.25, 4.26. Os dados registados foram analisados estatisticamente e a ANOVA é apresentada no Anexo-XXIII. Os dados indicaram uma ligeira melhoria, mas não foi encontrada nenhuma alteração notável nas propriedades do solo sob diferentes tratamentos, exceto OC%, onde foi observada uma alteração notável.

I) pH do solo

Os dados relativos ao pH do solo (Quadro 4.23) mostraram que os diferentes níveis de fósforo não afectaram o pH do solo de forma significativa, embora tenha havido uma ligeira variação, ou seja, tende a diminuir ligeiramente o pH em comparação com as leituras iniciais do pH do solo, o que se deve à natureza ácida dos fertilizantes e estrumes que foram utilizados durante a experimentação.

Tabela 4.23: Efeito de diferentes níveis de fósforo no pH do solo, OC (%) e CE (dS/m)

Tratamentos	Símbolo	pH	CE (dS/m)	OC %
Prática de aplicação de fósforo pelos agricultores	Ti	6.78	0.25	0.45

ZeroP2O5 /ha(controlo)	T2	6.93	0.23	0.40
30 kg de P2O5 /ha através de fertilizante	T3	6.83	0.23	0.44
60 kg P2O5/ha através de fertilizante	T4	6.98	0.23	0.45
90 kg P2O5/ha através de fertilizante	T5	6.88	0.21	0.46
120 kg de P_2 O5/ha através de fertilizante	T6	7.03	0.23	0.42
50% P O_{25} através de FYM+ 50 % P O_{25} através de fertilizante	T7	6.93	0.25	0.48
50% P O_{25} através de vermicomposto + 50% P O_{25} através de fertilizante	T8	6.80	0.23	0.49
100% P O_{25} através de FYM	T9	6.88	0.22	0.50
100% P O_{25} através de vermicomposto	T10	6.78	0.23	0.52
S.E.(m)±		-	-	0.02

C.D. (a 5%)		NS	NS	0.06
Valor inicial		7.4	0.23	0.37

Nota: Prática dos agricultores: 180:120:60 kg N: P2O5:K2O/ha, respetivamente

II) Condutividade eléctrica

A condutividade eléctrica do solo em diferentes níveis de fósforo (Tabela 4.23) permaneceu quase igual, embora os valores registados após a análise estatística tenham variado de 0,16 a 0,27 dS/m em diferentes níveis de fósforo, o que não foi estatisticamente significativo.

III) Carbono orgânico do solo

Os dados relativos ao carbono orgânico do solo sob diferentes níveis de fósforo (Quadro 4.23) mostraram um aumento do teor de CO devido à aplicação de fósforo quando comparado com o valor inicial. Os dados também revelaram que o teor de carbono orgânico diferiu significativamente com diferentes níveis de fósforo através de fontes orgânicas e inorgânicas e varia de 0,52 a 0,44%. Embora se tenha observado um ligeiro aumento da percentagem de CO no solo em comparação com o valor inicial de CO presente no solo. As razões para este aumento podem ser devidas à aplicação de estrume e à decomposição de ervas daninhas durante o aterramento. No entanto, os tratamentos T7, T8, T9, T10 e T6 deram uma maior percentagem de OC em comparação com outros tratamentos e estes tratamentos foram estatisticamente iguais entre si. O controlo registou a menor OC % em comparação com os outros tratamentos.

IV) Teor de N disponível no solo

O conteúdo de N disponível na superfície do solo (0-15 cm) era de 165,93 kg/ha inicialmente. O conteúdo de N disponível durante o período experimental influenciado por diferentes tratamentos é apresentado na Tabela 4.24, ilustrado na Fig. 4.27 e os dados relativos a este estudo foram analisados estatisticamente e a análise de variância é dada no Apêndice-XXIV.

O teor de N disponível no solo aumentou significativamente de 170,80 para 187,65 kg/ha. O teor mais elevado (187,65 kg/ha) foi registado na prática dos agricultores e foi igual ao de T6 (184,28 kg/ha), T5 (185,03 kg/ha), T10 (182,41 kg/ha), T4 (178,66 kg/ha). No entanto, o teor mais baixo (170,80 kg/ha) foi observado no controlo.

V) Teor de P disponível no solo

Os dados relativos a este estudo foram analisados estatisticamente e a análise de variância é apresentada no Apêndice-XXIV e retratada na Tabela 4.24 e ilustrada na Fig. 4.28.

Tabela 4.24: Efeito de diferentes níveis de fósforo no teor de NPK do solo

Tratamentos	Símbolo	Teor de nutrientes (kg/ha)		
		N	P	K
Prática de aplicação de fósforo pelos agricultores	Ti	187.65	46.02	427.60

ZeroP2O5 /ha(controlo)	T2	170.80	19.54	275.71
30 kg P2O5 /ha através de fertilizante	T3	176.79	25.24	295.83
60 kg P2O5/ha através de fertilizante	T4	178.66	32.40	346.08
90 kg P2O5/ha através de fertilizante	T5	185.03	36.20	394.13
120 kg de P_2 O5/ha através de fertilizante	T6	184.28	46.84	415.64
50% P O_{25} através de FYM+ 50 % P O_{25} através de fertilizante	T7	177.16	34.64	350.07
50% P O_{25} através de vermicomposto + 50% P O_{25} através de fertilizante	T8	177.16	34.46	348.84
100% P O_{25} através de FYM	T9	173.79	34.38	390.37
100% P O_{25} através de vermicomposto	T10	182.41	34.01	357.80
S.E.(m)±		3.11	1.08	14.57
C.D. (a 5%)		9.01	3.13	42.28
Valor inicial		165.93	20.37	395.20

Nota: Prática dos agricultores: 180:120:60 kg N: P2O5:K2O/ha, respetivamente

Inicialmente, o campo experimental tinha 20,37 kg P/ha e aumentou até 46,84 kg/ha no final da experiência. Os dados mostram que o conteúdo de P disponível no solo aumentou com o aumento da dose de fertilizante P. A aplicação de 120 kg de P2O5/ha através de fertilizante deu um P significativamente superior (46,84 kg/ha) em comparação com outros tratamentos, exceto a prática dos agricultores (46,02 kg/ha), que foi igual. Além disso, o tratamento T5 também registou um teor mais elevado de P disponível no solo, seguido de T7 (34,64 kg/ha), T8 (34,46 kg/ha), T9 (34,38 kg/ha), T10 (34,01 kg/ha) e estes foram iguais entre si. No entanto, o teor mínimo (19,54 kg/ha) de P disponível no solo foi registado sob controlo.

VI) Teor de K disponível no solo

O conteúdo de K disponível na superfície do solo (0-20 cm) era de 395,20 kg/ha inicialmente. O teor de K disponível foi influenciado por diferentes tratamentos apresentados na Tabela 4.24, ilustrados na Fig. 4.27 e os dados relativos a este estudo foram analisados estatisticamente e a análise de variância é dada no Apêndice-XXIV.

A aplicação de diferentes doses de fósforo resultou num aumento e diminuição do valor inicial do teor de K disponível. Foi registado um teor de K disponível significativamente mais elevado (427,60 kg/ha) com a prática dos agricultores e foi igual ao de T6 (415,64 kg/ha), T5 (394,13 kg/ha) e T9 (390,37 kg/ha). No entanto, o tratamento de controlo (275,71 kg/ha) registou um teor de K disponível inferior.

F. ANÁLISE QUÍMICA DAS PLANTAS

I) Teor de NPK no tubérculo (%)

Pode ser visto a partir dos dados na Tabela 4.25 que o conteúdo de nutrientes (NPK) no tubérculo foi significativamente influenciado por diferentes doses de fósforo (Fig. 4.29 e Apêndice-XXV).

Sob diferentes tratamentos, o conteúdo de N, P e K no tubérculo foi observado na faixa de 1,26 a 1,72%, 0,30 a 0,52% e 1,40 a 1,74%, respetivamente. Entre todos os tratamentos, observou-se um teor mínimo de N (1,26%), P (0,3%) e K (1,40%) no controlo, que foi inferior ao dos restantes tratamentos. Foram observados teores significativamente mais altos de N e K com o tratamento T6 (120 kg P2O5/ha através de fertilizante), enquanto que no caso do teor de P, o tratamento T8 (50% P2O5 através de vermicomposto + 50% P2O5 através de fertilizante) mostrou maior % de P em comparação com outros tratamentos. No entanto, os tratamentos T1, T5, T9 e T10 foram iguais ao T6 em termos de teor de N, com 1,70, 1,60, 1,61 e 1,63% de N, respetivamente. Por outro lado, os tratamentos T1, T4, T5, T7, T8, T9 e T10 foram iguais ao T6 no que respeita ao teor de K, com 1,71, 1,53, 1,60, 1,59, 1,55, 1,63 e 1,57% de K, respetivamente.

Quadro 4.25: Efeito de diferentes níveis de fósforo no teor de NPK dos tubérculos

Tratamentos	Tubérculo			
	Símbolo	N %	P %	K %
Prática de aplicação de fósforo pelos agricultores	Ti	1.70	0.51	1.71
ZeroP2O5 /ha(controlo)	T2	1.26	0.30	1.40
30 kg de P2O5 /ha através de fertilizante	T3	1.39	0.32	1.42

60 kg P2O5/ha através de fertilizante	T4	1.51	0.40	1.53
90 kg P2O5/ha através de fertilizante	T5	1.60	0.49	1.60
120 kg de P_2 O5/ha através de fertilizante	T6	1.72	0.50	1.74
50% P O_{25} através de FYM+ 50 % P O_{25} através de fertilizante	T7	1.50	0.37	1.59
50% P O_{25} através de vermicomposto + 50% P O_{25} através de fertilizante	T8	1.50	0.52	1.55
100% P O_{25} através de FYM	T9	1.61	0.34	1.63
100% P O_{25} através de vermicomposto	T10	1.63	0.50	1.57
S.E.(m)±		0.07	0.03	0.07
C.D. (a 5%)		0.21	0.08	0.21

Nota: Prática dos agricultores: 180:120:60 kg N: P2O5:K2O/ha, respetivamente

Enquanto que T1, T5, T6, T8, T10 estavam ao mesmo nível que T8 em termos de conteúdo de P com 0,51, 0,49, 0,50, 0,52, 0,50% de P, respetivamente.

II) Teor de NPK no granulado

Pode-se concluir a partir dos dados da Tabela 4.26 que o conteúdo de nutrientes (NPK) no haulm foi significativamente influenciado por diferentes doses de fósforo (Fig. 4.30 e Apêndice-XXVI).

Quadro 4.26: Efeito de diferentes níveis de fósforo no teor de NPK do granizo

Tratamentos	Haulm

	Símbolo	N %	P %	K %
Prática de aplicação de fósforo pelos agricultores	T1	2.65	0.48	1.68
ZeroP_2 O5 /ha(controlo)	T2	2.08	0.36	1.42
30 kg de P_2 O5 /ha através de fertilizante	T3	2.30	0.43	1.50
60 kg P_2 O5/ha através de fertilizante	T4	2.47	0.45	1.62
90 kg de P_2 O5/ha através de fertilizante	T5	2.59	0.47	1.64
120 kg de P_2 O5/ha através de fertilizante	T6	2.67	0.48	1.79
50% P O_{25} através de FYM+ 50 % P O_{25} através de fertilizante	T7	2.53	0.45	1.59
50% P O_{25} através de vermicomposto + 50% P O_{25} através de fertilizante	T_8	2.45	0.42	1.44
100% P O_{25} através de FYM	T9	2.54	0.47	1.65
100% P O_{25} através de vermicomposto	T10	2.60	0.47	1.57
S.E.(m)±		0.05	0.02	0.07

C.D. (a 5%)		0.16	0.05	0.19

Nota: Prática dos agricultores: 180:120:60 kg N: P2O5:K2O/ha, respetivamente

Sob diferentes tratamentos, os conteúdos de N, P e K no haulm foram observados na faixa de 2,08 a 2,67%, 0,36 a 0,48% e 1,42 a 1,89%, respetivamente. Entre todos os tratamentos, observou-se um teor mínimo de N (2,08%), P (0,36%) e K (1,42%) no controlo, que foi inferior ao dos restantes tratamentos. O teor de N e K foi significativamente mais elevado no tratamento T6 (120 kg P2O5/ha através de fertilizante), enquanto que no caso do teor de P, tanto o tratamento T6 (120 kg P2O5/ha através de fertilizante) como o T1 (prática dos agricultores) foram mais elevados em comparação com os outros tratamentos. No entanto, os tratamentos T1, T5, T7, T9, T10 foram iguais ao T6 no caso do teor de N com 2,65, 2,59, 2,53, 2,54, 2,60% de N, respetivamente. Por outro lado, os tratamentos T1, T4, T5 e T9 foram iguais ao T6 no que respeita ao teor de K, com 1,68, 1,62, 1,64 e 1,65% de K, respetivamente. Enquanto que, no caso do teor de P, todos os restantes tratamentos foram iguais ao T6 e ao T1, exceto o controlo.

III) Absorção de N pela cultura

Os dados sobre a absorção de nitrogénio (N) pelo tubérculo, pelo haulm e pela cultura da batata na fase de colheita, afectados por diferentes doses de fósforo, são apresentados no Quadro 4.27, representados graficamente (Fig. 4.31) e os dados relativos a este estudo foram analisados estatisticamente e a análise de variância é apresentada no Apêndice XXVII.

Quadro 4.27: Efeito de diferentes níveis de fósforo na absorção de N da batata na colheita

Tratamentos	Símbolo	Absorção de N (kg/ha)		
		Haulm	Tubérculo	Total
Prática de aplicação de fósforo pelos agricultores	Ti	86.57	113.87	200.44
ZeroP2O5 /ha(controlo)	T2	43.11	41.76	84.87
30 kg de P2O5 /ha através de fertilizante	T3	51.75	68.74	120.48
60 kg P2O5/ha através de fertilizante	T4	59.86	83.69	143.55

90 kg P2O5/ha através de fertilizante	T5	67.69	95.90	163.58
120 kg de P_2 O5/ha através de fertilizante	T6	89.62	110.25	199.87
50% P O_{25} através de FYM+ 50 % P O_{25} através de fertilizante	T7	75.11	84.82	159.93
50% P O_{25} através de vermicomposto + 50% P O_{25} através de fertilizante	T8	76.48	69.30	145.78
100% P O_{25} através de FYM	T9	78.52	84.50	163.02
100% P O_{25} através de vermicomposto	T10	78.52	80.32	158.84
S.E.(m)±		2.19	4.36	4.40
C.D. (a 5%)		6.36	12.65	12.76

Nota: Prática dos agricultores: 180:120:60 kg N: P2O5:K2O/ha, respetivamente

Entre todos os tratamentos, a absorção máxima de N pelo tubérculo (113,87 kg/ha) e pela cultura (200,44 kg/ha) foi observada no T1 (prática dos agricultores), seguido do T6 (120 kg P2O5/ha através de fertilizante) e ambos os tratamentos foram estatisticamente iguais entre si e significativamente superiores aos restantes tratamentos. Por outro lado, a absorção máxima de N pelo haulm (89,62 kg/ha) foi registada no T6 (120 kg P2O5/ha através de fertilizante), seguido do T1 (prática dos agricultores) e ambos os tratamentos foram estatisticamente iguais entre si e significativamente superiores aos restantes tratamentos.

A absorção mais baixa de N foi registada no controlo com 41,76, 43,11, 84,87 kg N/ha em relação ao tubérculo, absorção total de N a granel, respetivamente, que foi menor em comparação com outros tratamentos.

IV) Absorção de P pela cultura

Os dados sobre a absorção de fósforo (P) pelo tubérculo, pelo lanço e pela cultura da batata na fase de colheita, afectados por diferentes doses de fósforo, são apresentados no Quadro 4.28, representados graficamente (Fig. 4.32) e os dados relativos a este estudo foram analisados estatisticamente e a análise de variância é apresentada no Apêndice XXVIII.

Entre todos os tratamentos, a absorção máxima de P pelo tubérculo (34,10 kg/ha) e pela cultura (49,81 kg/ha) foi observada no T1 (prática dos agricultores), seguido pelo T6 (120 kg P2O5/ha através de fertilizante) e ambos os tratamentos foram estatisticamente iguais entre si e significativamente superiores aos restantes tratamentos. Por outro lado, a absorção máxima de P pelo haulm (16,14 kg/ha) foi registada no T6 (120 kg P2O5/ha através de fertilizante), seguido do T1 (prática dos agricultores) e ambos os tratamentos foram estatisticamente iguais entre si e superiores aos restantes tratamentos.

Quadro 4.28: Efeito de diferentes níveis de fósforo na absorção de P pela batata na colheita

Tratamentos	Símbolo	Absorção de P (kg/ha)		
		Haulm	Tubérculo	Total
Prática de aplicação de fósforo pelos agricultores	Ti	15.71	34.10	49.81
ZeroP2O5 /ha(controlo)	T2	7.39	9.86	17.25
30 kg de P2O5 /ha através de fertilizante	T3	9.68	15.78	25.46
60 kg P2O5/ha através de fertilizante	T4	10.92	21.96	32.88
90 kg P2O5/ha através de fertilizante	T5	12.17	28.99	41.16
120 kg P_2 O5/ha através de fertilizante	T6	16.14	31.74	47.89
50% P O_{25} através de FYM+ 50 % P O_{25} através de fertilizante	T7	13.19	21.01	34.20
50% P O_{25} através de vermicomposto + 50% P O_{25} através de fertilizante	T8	13.07	24.15	37.21
100% P O_{25} através de FYM	T9	14.45	21.87	36.32
100% P O_{25} através de vermicomposto	T10	14.12	24.64	38.75

S.E.(m)±		0.50	1.61	1.67
C.D. (a 5%)		1.45	4.68	4.85

Nota: Prática dos agricultores: 180:120:60 kg N: P2O5:K2O/ha, respetivamente

A absorção mais baixa de P foi registada no controlo com 9,86, 7,39, 17,25 kg de P/ha em relação ao tubérculo, absorção total de P no lanço, respetivamente, que foi mais baixa em comparação com outros tratamentos.

V) Absorção de K pela cultura

Os dados sobre a absorção de potássio (K) pelo tubérculo, pelo lanço e a absorção total na fase de colheita foram afectados por diferentes doses de fósforo e são apresentados no Quadro 4.29, representados graficamente (Fig. 4.33) e os dados relativos a este estudo foram analisados estatisticamente e a análise de variância é apresentada no Apêndice-XXIV .

Entre todos os tratamentos, a absorção máxima de K pelo lanço (60,11 kg/ha) e pela cultura (171,70 kg/ha) foi observada no T6 (120 kg P2O5/ha através de fertilizante), seguido do T1 (prática dos agricultores) e ambos os tratamentos foram estatisticamente iguais entre si e significativamente superiores aos restantes tratamentos. Por outro lado, a absorção máxima de K pelos tubérculos (114,50 kg/ha) foi registada no T1 (prática dos agricultores), seguido do T6 (120 kg P2O5/ha através de fertilizante) e ambos os tratamentos foram estatisticamente iguais entre si e significativamente superiores aos restantes tratamentos.

A absorção mais baixa de K foi registada no controlo com 46,34, 29,89, 76,23 kg K/ha no que diz respeito ao tubérculo, ao lanço e à absorção total de K, respetivamente, que foi inferior em comparação com outros tratamentos.

Quadro 4.29: Efeito de diferentes níveis de fósforo na absorção de K pela batata na colheita

Tratamentos	Símbolo	Absorção de K (kg/ha)		
		Haulm	Tubérculo	Total
Prática de aplicação de fósforo pelos agricultores	T1	54.85	114.50	169.35
ZeroP O_{25} /ha(controlo)	T2	29.89	46.34	76.23
30 kg de P O_{25} /ha através de fertilizante	T3	33.82	70.46	104.27

60 kg P O_{25} /ha através de fertilizante	T4	39.07	85.00	124.07
90 kg P O_{25} /ha através de fertilizante	T_5	42.86	95.62	138.48
120 kg P O_{25} /ha através de fertilizante	T6	60.11	111.59	171.70
50% P O_{25} através de FYM+ 50 % P O_{25} através de fertilizante	T7	47.09	89.46	136.55
50% P O_{25} através de vermicomposto + 50% P O_{25} através de fertilizante	T_8	44.32	71.32	115.64
100% P O_{25} através de FYM	T9	51.00	85.78	136.77
100% P O_{25} através de vermicomposto	T10	47.29	77.62	124.90
S.E.(m)±		1.90	4.60	4.91
C.D. (a 5%)		5.51	13.36	14.25

Nota: Prática dos agricultores: 180:120:60 kg N: P2O5:K2O/ha, respetivamente

VI) . Eficiência na utilização do fósforo (%)

Os dados relativos a este estudo foram analisados estatisticamente e a análise de variância é apresentada no Apêndice-XXV, representada graficamente (Fig.4.34) e na Tabela 4.30.

A eficiência da utilização do fósforo (PUE) é um parâmetro importante para avaliar a eficiência com que a planta utiliza o fósforo aplicado em comparação com o controlo. No entanto, a prática dos agricultores registou o máximo (27,13%) de PUE e foi a par com os restantes tratamentos, exceto 100% P2O5 através de FYM que foi mínimo PUE (18,84%) em comparação com outros tratamentos.

Tabela 4.30: Efeito de diferentes níveis de fósforo na eficiência de utilização de fósforo (%)

Tratamentos	Símbolo	Eficiência de utilização de P (%)
Prática de aplicação de fósforo pelos agricultores	Ti	27.13
ZeroP2O5 /ha(controlo)	T2	0.00
30 kg de P2O5 /ha através de fertilizante	T3	27.36
60 kg P2O5/ha através de fertilizante	T4	26.05
90 kg P2O5/ha através de fertilizante	T5	26.57
120 kg de P_2 O5/ha através de fertilizante	T6	25.53
50% P O_{25} através de FYM+ 50 % P O_{25} através de fertilizante	T7	21.18
50% P O_{25} através de vermicomposto + 50% P O_{25} através de fertilizante	T8	24.95
100% P O_{25} através de FYM	T9	23.84
100% P O_{25} através de vermicomposto	T10	26.88
S.E.(m)±		2.17

C.D. (a 5%)		6.30

Nota: Prática dos agricultores: 180:120:60 kg N: P2O5:K2O/ha, respetivamente

G. ECONOMIA DOS TRATAMENTOS

I) Custo de cultivo (Rs./ha)

O custo de cultivo de Rs. 71800/ha foi comum para todos os tratamentos (Tabela 4.31 e fig. 4.35). Mas o custo de diferentes doses de fósforo variou de tratamento para tratamento. O maior custo total de cultivo (Rs. 135800/ha) foi incorrido no tratamento T10 (100% P2O5 através de vermicomposto).

II) Rendimento bruto (Rs./ha)

Os dados apresentados no Quadro 4.32 revelaram que as diferentes doses de tratamentos com fósforo deram mais rendimento do que o controlo. O rendimento bruto máximo de Rs.210432,00 foi obtido com a prática do agricultor, que foi 67,13 por cento superior ao controlo. Os tratamentos T6 (120 kg de P2O5 através de fertilizante/ha), T5 (90 kg de P2O5 através de fertilizante/ha), T7 (50%

Quadro 4.31: Custo de cultivo (Rs./ha) excluindo o custo do tratamento

S.N.	Particular	(Rs./ha)
1	Preparação do terreno	2500
2	Sementes (35q/ha)	42000
3	Plantação	2500
4	Irrigação	4800
5	controlo de ervas daninhas	3000
6	Enxada	2200
7	Colheita	5000
8	Classificação	3000
9	Custo dos sacos de artilharia	3000
10	Transporte	1800
11	Diversos	2000

	Custo total	71800

P2O5 através de FYM + 50 % P2O5 através de fertilizante), T4 (60 kg P2O5/ha através de fertilizante), T9 (100% P2O5 através de FYM), T3 (30 kg P2O5/ha através de fertilizante), T10 (100% P2O5 através de vermicomposto) e T8 (50%P2O5 através de vermicomposto +50% P2O5 através de fertilizante) foram ordem decrescente em relação à renda bruta de Rs. 210348, Rs. 199536, Rs 190152, Rs. 183960, Rs. 183414, Rs. 175974, Rs. 166254 e Rs. 160560 por hectare, respetivamente.

Quadro 4.32: Custo de cultivo, rendimento bruto, rendimento líquido e rácio B:C sob diferentes níveis de fósforo na batata

Símbolo	Rendimento de tubérculos (q/ha)	Custo comum de cultivo (Rs./ha)	Custo do tratamento (Rs./ha)	Custo total do cultivo (Rs./ha)	Rendimento bruto (Rs./ha)	Rendimento líquido (Rs./ha)	B:C Rácio
Ti	350.72	71800	9895.48	81695.48	210432	128736.52	2.58
T2	209.85	71800	5634.04	77434.04	125910	48475.96	1.63
T3	293.29	71800	7123.39	78923.39	175974	97050.61	2.23
T4	306.60	71800	8612.73	80412.73	183960	103547.27	2.29
T5	332.56	71800	10102.13	81902.13	199536	117633.87	2.44
T6	350.58	71800	11591.48	83391.48	210348	126956.52	2.52
T7	316.92	71800	23561.96	95361.96	190152	94790.04	1.99
T8	267.60	71800	36678.29	108478.29	160560	52081.71	1.48
T9	305.69	71800	38649.12	110449.12	183414	72964.88	1.66
T10	277.09	71800	64000.00	135800.00	166254	30454.00	1.22

Taxa de sementeira: Rs. 1200/q
Preço de venda: tubérculo - Rs. 600/q.
Custo do fertilizante: (1) DAP-Rs. 25,12/kg, (1) Ureia- Rs. 5,74/kg, (3) MOP- Rs. 16,96/kg
Custo dos adubos orgânicos: (1) FYM- Rs. 1.20/kg (2) Vermicomposto- Rs. 8,0/kg
Custo do saco de artilharia: Rs. 5/saco
Dose recomendada de fertilizante: 180:80:120 N: P2O5: K2O respetivamente
Prática dos agricultores: 180:120:60 N: P2O5: K2O respetivamente

III) Rendimento líquido (Rs. /ha)

Os dados incluídos na Tabela 4.32 registaram que todas as diferentes doses de tratamentos de fósforo deram mais retornos líquidos do que 100% P2O5 através de vermicomposto. O retorno líquido máximo de Rs.128736.52/ha foi encontrado sob (prática do agricultor) que foi Rs. 98282.52 mais alto que o controlo. O tratamento T6 (120 kg de P2O5/ha através de fertilizante), T5 (90 kg de P2O5/ha através de fertilizante), T4 (60 kg de P2O5/ha através de fertilizante) e T3 (30 kg de P2O5/ha através de fertilizante) foram os outros tratamentos com renda líquida de Rs. 126956.52, Rs. 117633.87, Rs. 103547.27/ha, e Rs. 97050.60/ha, respetivamente. No entanto, 100% P2O5 através de vermicomposto registou um rendimento líquido mínimo (Rs. 30454) em comparação com outros tratamentos.

IV) Rácio benefício : custo

Todas as diferentes doses de fósforo resultaram numa maior relação benefício: custo do que 100% de P2O5 através de vermicomposto (fig. 4.36). A relação benefício-custo máxima de 2,58 foi registada sob a prática dos agricultores, seguida por T6 (2,52), T5 (2,44) e T4 (2,29). A relação B: C mínima foi registada com a aplicação de 100% de P2O5 através de vermicomposto (1,22).

Capítulo V

DISCUSSÃO

A investigação intitulada "Otimização das necessidades de fósforo da batata (*Solanum tuberosum L.*) através de fontes orgânicas e inorgânicas", foi realizada, durante as estações *Rabi* de 2015 16 na quinta de investigação, ICAR Central Potato Research Station, Gwalior, M.P. . Com base nos resultados, foi feita uma tentativa neste capítulo para explicar as possíveis razões da variação obtida devido a diferentes tratamentos. Os resultados foram discutidos à luz da literatura disponível para os diferentes caracteres em estudo.

Geralmente, os agricultores indianos aplicam nitrogénio através de DAP na batata no momento da plantação, razão pela qual a quantidade excessiva de P chega ao solo. O excesso de P perturba as propriedades químicas e físicas do solo de diferentes maneiras, resultando na redução da produção e da produtividade da batata na Índia. Uma vez que o P aplicado se acumula no solo ao longo dos anos, este estudo foi realizado para otimizar as necessidades de fósforo na cultura da batata através de fontes orgânicas e inorgânicas.

Em geral, as condições climatéricas que prevaleceram durante o *Rabi* 2015-16 foram favoráveis ao crescimento e desenvolvimento da cultura da batata. A topografia do campo experimental era uniforme. O estado de fertilidade do local experimental era homogéneo. A variação no crescimento e no rendimento da cultura deveu-se principalmente ao efeito dos tratamentos testados. No entanto, os resultados relativos a todos os aspectos referidos no ponto anterior são discutidos a seguir.

1. Clima e crescimento das culturas

Os resultados das experiências de campo são grandemente influenciados pelas condições climatéricas prevalecentes durante o período de crescimento da cultura. A influência das condições climatéricas prevalecentes durante o período de investigação desempenhou um papel importante no crescimento e rendimento da batata, para além do efeito dos tratamentos experimentados. Os detalhes meteorológicos, como temperatura, precipitação, humidade relativa, evaporação, etc., durante a estação de cultivo, estão representados nas Figuras 3.1 e 3.2. As condições climatéricas foram normais durante a experimentação de campo. A precipitação total de 13,00 mm foi recebida durante o período de colheita de 2015-16 e. A temperatura máxima semanal média em *Rabi* 2015-16 foi de 18,90^0 C a 37,7^0 C. A temperatura mínima semanal média foi de 3,9^0 C a 21 C.^{0}

2. População de plantas

A densidade uniforme das plantas é um requisito importante para obter uma maior precisão quando não é um fator variável como os tratamentos. Os dados do Quadro 4.1 indicam que a população de plantas por parcela permaneceu estatisticamente inalterada (não significativa) sob os vários tratamentos, sem apresentar qualquer tendência definida aos 24 DAP e à maturidade. Obviamente, estes dados reflectem o facto de a plantação de tubérculos-semente ter sido feita de forma adequada e uniforme em cada tratamento, utilizando tubérculos germinados saudáveis e viáveis para manter uma melhor emergência e uma melhor posição da cultura. Assim, o estande da cultura permaneceu quase uniforme, suficiente em todos os tratamentos.

3. Efeito nos parâmetros de crescimento

I. Altura da planta

Em geral, a altura da planta aumentou com o avanço da idade da cultura, independentemente do tratamento, e atingiu o máximo na maturidade. A taxa de aumento na altura da planta foi maior durante 30 a 60 DAP em comparação com 60 DAP até a maturidade. A altura das plantas quase cessou ou diminuiu ligeiramente na maturidade devido à senescência.

A altura da planta variou significativamente entre as diferentes doses de fósforo em todos os estágios de crescimento devido ao efeito positivo do P. Em todos os estágios de crescimento, significativamente a planta mais alta foi observada sob 100% P2O5 através de FYM e no estágio final, foi a par com 100% P2O5 através de vermicomposto (54,95 cm), 120 Kg P2O5 através de fertilizante (52,50 cm), 50% P2O5 através de vermicomposto + 50% P2O5 através de fertilizante (52,35 cm). A altura mais baixa das plantas foi registada com o controlo a ter a altura mais baixa, sendo inferior aos restantes tratamentos em todas as fases e na fase final, foi de 45,80 cm. Isto pode dever-se a uma maior disponibilidade de nutrientes para a planta na presença de estrume orgânico. O estrume orgânico tem micro nutrientes juntamente com macro nutrientes que são essenciais para o crescimento e desenvolvimento das plantas, o que aumenta a disponibilidade para as plantas, resultando numa maior absorção de nutrientes em quantidades equilibradas e resultando numa maior altura das plantas. Isto pode dever-se ao efeito significativo do fósforo na altura das plantas. Também foram registados resultados corroborantes por Chettri *et al.* (2004), Mondal *et al.* (2005), Baishya *et al.* (2012), Iseal *et al.*, (2012), Zelalem *et al.*, (2009) e Kumar *et al.* (2012) .

II. Biomassa fresca por planta

Diferentes doses de P aumentaram o aumento acentuado da biomassa fresca/planta de 30 DAP a 60 DAP em comparação com 60 DAP até a maturidade. Isso se deve ao fato de que a altura máxima da planta, o número de caules/planta e o número de folhas/planta estavam entre 30 DAP e 60 DAP, em comparação com 60 DAP até a maturidade. Embora a biomassa fresca/planta tenha aumentado até a maturidade, o máximo de biomassa ocorreu na maturidade.

A biomassa fresca/planta foi significativamente maior em diferentes níveis de fósforo em todos os estágios de crescimento devido ao efeito significativo do P na altura da planta, folhas, produção de tubérculos/caule da planta e produção de tubérculos por planta (Zelalem *et al.*, 2009). Em todas as fases, observou-se uma biomassa fresca significativamente mais elevada com a aplicação de 120 kg de P2O5/ha através de fertilizante em relação ao controlo e, na fase final, foi igual à prática dos agricultores e 90 kg de P2O5/ha através de fertilizante. Isso pode ser devido ao fornecimento de uma quantidade adequada de nutrientes em diferentes estágios e ao aumento da disponibilidade de P (Ranganathan e Selvaseelan 1997). Os resultados estão em conformidade com Yadav *et al.* (2014) e Misgina (2016).

III. Folhas/planta

Os níveis de P causaram uma variação acentuada no número de folhas/planta em todas as fases de crescimento da cultura. Os tratamentos com P aumentaram significativamente o número de folhas/planta em relação ao controlo. O valor máximo deste parâmetro de crescimento foi registado com 100% de P2O5 através de FYM em todas as fases de crescimento em relação ao controlo, cujos valores foram 32,26, 28,33, 21,94 % mais elevados em comparação com o controlo aos 30 DAP, 60 DAP e maturidade. Pode ser devido ao aumento do fornecimento de multi-nutrientes, reguladores de crescimento de plantas e microflora benéfica libertada da FYM, que é uma fonte rica de nutrientes, vitaminas, enzimas, antibióticos, hormonas de crescimento de plantas e um número de microrganismos benéficos (Bhawalker, 1991) resultou num maior número de folhas/planta. Os resultados também estão de acordo com as conclusões de Baishya *et al.* (2013).

IV. Caule/planta

É óbvio, a partir dos dados apresentados no Quadro 4.5, que o número de caules/planta aumentou gradualmente com o avanço das fases de crescimento até à maturidade. O raro aumento do número de caules durante o período entre 60 DAP e a maturidade pode ser devido à natureza genética da planta, uma vez que os caules só se formam aos 60 DAP ou antes.

As diferentes doses de P afectaram significativamente o número de caules/plantas em relação ao controlo em todas as fases. A aplicação de 120 kg de P2O5/ha através de fertilizante registou o máximo de caule/planta em comparação com outros tratamentos, enquanto o controlo registou o mínimo de caule/planta em todas as fases. No entanto, na maturidade, 120 kg de P2O5/ha através de fertilizante deu um número significativamente maior de caules (5,17) em comparação com outros tratamentos, enquanto o controlo (Zero P2O5/ha) foi conhecido por um número significativamente menor (3,43) de caules/planta. Isso pode ser possível devido à resposta positiva do P no número de caule/planta (Kumar *et al.*, 2007). Resultados semelhantes sobre a observação foram relatados por Baishya *et al.* (2013) e Misgina (2016).

V. Matéria seca/planta

O acúmulo de matéria seca/planta devido ao efeito de diferentes doses de P aumentou linearmente com o avanço dos estágios de crescimento até a maturidade. Uma taxa rápida de aumento foi observada durante o período entre 30 e 60 DAP. A taxa de aumento em DM/planta foi muito lenta no estágio inicial de crescimento (30 DAP) em todos os tratamentos. A altura da planta, caule/planta e folhas/planta foram mínimos até 30 DAP. Assim, um pouco de material alimentar acumulado e a síntese de fotossintatos foi lenta nas plantas devido a um dossel menor, resultando numa menor produção de MS numa fase muito precoce (30 DAP). O rápido desenvolvimento das partes vegetativas aumentou a taxa de MS/planta, que continuou até 60 DAP. Entre 30 e 60 DAP, as plantas atingiram a altura máxima, o número de caules/planta, o peso do tubérculo/planta e o número de folhas/planta, portanto, a taxa de produção de MS/planta foi máxima em todos os tratamentos entre 30 e 60 DAP e, ao mesmo tempo, os fotossintatos acumulados e os materiais alimentares foram utilizados para o desenvolvimento do tubérculo até a maturidade. A produção de MS também aumentou entre 60 e 90 DAP, mas foi menor do que entre 30 e 60 DAP. Consequentemente, a acumulação de matéria seca pelas plantas aumentou até ao estádio de maturidade.

Diferentes níveis de P variaram significativamente na sua DM/planta em todas as fases de crescimento até à maturidade devido ao efeito positivo do P na acumulação de matéria seca (Eleiwa *et al.* 2012). O tratamento ficou na mesma ordem para DM/planta em todos os estágios de crescimento até a maturidade. Em todos os estágios, a aplicação de 120 kg de P2O5/fertilizante e a prática do agricultor foram os melhores entre todos para MS/planta, enquanto o controle teve o menor MS/planta em todos os estágios.

Estes resultados estão em estreita conformidade com as conclusões de Eleiwa *et al.* (2012), e Zelalem *et al.* (2009).

VI. Peso fresco da raiz/planta

Diferentes níveis de P mostraram um impacto significativo na massa fresca de raiz/planta em todas as fases de crescimento da cultura. O incremento na massa fresca de raiz/planta foi observado a partir de 30 DAP até a maturidade, mas foi estável e lento.

A maior massa fresca de raiz/planta foi significativamente maior com a aplicação de 120 kg de P2O5/ha através de fertilizante e com a prática dos agricultores em todos os estágios de crescimento da planta em relação ao controle e estes foram iguais a 50% P2O5 através de vermicomposto + 50% P2O5 através de fertilizante, 100% P2O5 através de FYM, 100% P2O5 através de vermicomposto. Em geral, o peso fresco da raiz aumentou com cada incremento nas doses de P até 120 kg de P2O5/ha através de fertilizante, enquanto o efeito de VC e FYM apenas e em combinação com fertilizante não teve nenhuma diferença significativa entre si. Isso pode ter sido possível devido ao efeito complementar do P nas funções fisiológicas das plantas (Westermann *et al.*, 1994). Esta constatação está em conformidade com o trabalho de Israel *et al.* (2012), Mulubrhan (2004) e Zelalem *et al.* (2009).

VII. Peso seco da raiz/planta

. Os dados no Quadro 4.9 indicam que o peso seco da raiz/planta foi significativamente alterado sob vários tratamentos em várias fases de crescimento da cultura. Os dados da Tabela 4.9 indicam que o peso seco da raiz/planta foi significativamente alterado sob os vários tratamentos em vários estágios de crescimento da cultura. A aplicação de 120 Kg P2O5/ha através de fertilizante deu maior peso seco de raiz em comparação com outros tratamentos em todas as fases de crescimento da cultura, exceto 60 DAP em que foi igual à prática dos agricultores, no entanto o tratamento de controlo registou o menor peso seco de raiz/planta em todas as fases. Isso pode ser possível devido ao aumento das doses de fósforo que aumentaram a divisão celular na zona da raiz e, finalmente, resultaram em maior acúmulo de peso seco em níveis mais altos de P. Esta constatação está de acordo com Opena e Porter (1999), Zelalem *et al.* (2009), Israel *et al.* (2012), Mulubrhan, (2004) e Westermann *et al.*, (1994).

VIII. Comprimento da raiz

É evidente na Tabela 4.7, o aumento no comprimento da raiz foi maior aos 30 DAP em comparação com os estágios seguintes. A aplicação de P com VC, FYM juntamente com o fertilizante e o único registou uma resposta vaga em todas as fases de crescimento da cultura.

Todos os tratamentos de P deram uma resposta significativa em todas as fases de crescimento da cultura à aplicação de P através de fertilizante. Em todos os estágios, o controle registrou o comprimento máximo da raiz, exceto aos 30 DAP, no qual foi igual a 30 kg P2O5/ha através de fertilizante, enquanto a prática dos agricultores registrou menor comprimento de raiz em todos os estágios de crescimento da cultura, exceto aos 60 DAP, no qual a aplicação de 120 kg P2O5/ha através de fertilizante registrou comprimento mínimo de raiz em comparação com outros. Isso pode ser possível devido à formação de raízes mais finas e mais longas em caso de deficiência de P (Barber, 1995). Os resultados estão de acordo com Machado *et al.*, (2001) Hu *et al.* (2010) e Fernandes e Soratto (2012).

4. Atributos de rendimento

Os factores que são diretamente responsáveis pela produção final de tubérculos, *nomeadamente o* número de tubérculos/planta, o peso fresco e seco dos tubérculos/planta, aumentaram significativamente com as doses de fósforo aplicadas em relação ao controlo. Os caracteres que contribuem para a produção aumentaram significativamente com o aumento dos níveis de fósforo e registaram um aumento significativo com a aplicação combinada de 120 kg de P2O5/ha através de fertilizantes e práticas agrícolas e ambos os tratamentos foram significativamente superiores aos restantes tratamentos. O peso fresco e seco do tubérculo/planta em todas as fases, exceto T5 aos 30 DAP e T8 na maturidade, foram estatisticamente iguais. A aplicação de 120 kg de P2O5/ha através de fertilizante registou o número máximo de tubérculos/planta em todas as fases de crescimento da cultura. Estes resultados estão de acordo com as conclusões de Misgina N.A. (2016), Mulubrhan (2004), Zelalem *et al.* (2009), Sommerfeld e Knutson (1965) e Maier *et al.* (1995).

Os atributos de rendimento mais elevados em relação ao controlo podem ser devidos ao aumento dos parâmetros de crescimento e fisiológicos, bem como da biomassa/planta, resultando num maior fornecimento de todos os nutrientes essenciais para as plantas, com melhores propriedades físico-químicas e biológicas do solo. Todas estas condições favoráveis podem ter resultado numa maior acumulação de hidratos de carbono e de proteínas e na sua translocação da fonte para o sumidouro (órgãos reprodutores), o que, por sua vez, aumentou os parâmetros de rendimento.

A melhoria dos componentes do rendimento pode ter resultado da influência favorável dos fertilizantes P sobre os atributos de crescimento e da eficiente e maior partição de metabolitos e translocação adequada de fotossintatos e nutrientes para o desenvolvimento de estruturas reprodutivas.

5. Classificação

Após a colheita, a classificação foi efectuada com base no tamanho, peso e fissuras dos tubérculos. Os tubérculos foram classificados em 4 categorias viz. <25 g (< 3 cm), 25-50 g (3-4 cm), 50-75 g (4-5 cm), >75 g (>5 cm). Diferentes níveis de P exerceram um efeito significativo sobre este parâmetro.

A aplicação de 100% P2O5 através de vermicomposto registou o menor e o controlo registou o maior rendimento de tubérculos, bem como o número de tubérculos na categoria <25 g, em comparação com outros tratamentos. Considerando que, a aplicação de 120 kg P2O5/ha através de fertilizante deu maior e o controle obteve o número mínimo, bem como o rendimento de tubérculos sob 25-50 g, 50-75 g em comparação com outros tratamentos. Por outro lado, a prática dos agricultores registou um número mais elevado e o controlo obteve um número mínimo, bem como a produção de tubérculos com >75 g, em comparação com outros tratamentos. No entanto, a aplicação de 120 kg de P2O5/ha através de fertilizante registou o maior número de tubérculos (751), enquanto o controlo (533) registou o menor. Foi observada uma tendência semelhante no caso do número de tubérculos e do rendimento por grau, representados em t/ha.

A partir dos Quadros 4.13 e 4.14, pode concluir-se que o estrume orgânico estimula uma maior quantidade de tubérculos de tamanho grande, em comparação com os fertilizantes químicos, e a disponibilidade de P em doses mais baixas provocou um maior número de tubérculos pequenos.

6. Fissuras nos tubérculos

Diferentes doses de fósforo resultaram numa variação notável na fissuração dos tubérculos, *nomeadamente*, número de tubérculos fissurados, produção de tubérculos fissurados kg/parcela e produção de tubérculos fissurados t/ha.

A leitura dos dados na tabela 4.16 revelou que a aplicação de P através de fertilizante estimula o rachamento, enquanto que VC e FYM (adubo orgânico) mostraram um efeito positivo na redução do rachamento dos tubérculos. Isso pode ser devido à divisão celular ideal, ao alongamento e ao espaço suficiente para o volume do tubérculo no caso do adubo, que é bem conhecido por otimizar o equilíbrio nutricional, o que reduz as rachaduras devido à melhoria das propriedades químicas e físicas do solo, que, em última análise, levam a menos rachaduras no tubérculo.

Os valores mais baixos de todos estes parâmetros de crescimento foram registados com 100% de P2O5 através de FYM e foram 61,11, 52,33% mais baixos no caso do número de tubérculos por parcela, enquanto que 67,14, 62,33% em relação a ambos os tubérculos de rachadura wt kg/parcela, bem como t/ha, em comparação com 120 kg de P2O5/ha através de fertilizantes e práticas agrícolas, respetivamente. Isto pode dever-se ao facto de a aplicação de estrume no solo provocar a porosidade e melhorar a plasticidade do solo (Karlen e Camp, 1985) e reduzir a resistência do solo ao crescimento dos tubérculos (Tu *et al.*, 2006; Arancon *et al.*, 2003).

7. Parâmetros fisiológicos

I. Relação raiz : rebento

A razão raiz : rebento é um parâmetro fisiológico importante que dá uma compreensão clara do crescimento da planta sobre o crescimento da raiz da planta em relação ao crescimento do rebento. A relação raiz: rebento manteve-se estatisticamente significativa em todas as fases de crescimento da cultura. Em geral, a relação raiz/parte aérea foi maior em níveis mais baixos de P, com uma diminuição subsequente à medida que as doses de P foram aumentadas.

O controlo observou uma relação raiz: rebento significativamente mais elevada em comparação com outros tratamentos em todas as fases de crescimento da cultura. A aplicação de 100% de P2O5 através de FYM registou um rácio mínimo de raiz: rebento em todas as fases, no entanto, foi o mesmo valor com a aplicação de 120 kg de P2O5/ha através de fertilizante e prática dos agricultores aos 60 DAP e fase de maturidade, respetivamente. Isso pode ter sido possível devido ao maior aumento no comprimento do rebento em comparação com a raiz, devido à formação de raízes mais finas e mais longas em caso de deficiência de P. Os resultados estão de acordo com Machado *et al.*, (2001), Hu *et al.* (2010) e Fernandes e Soratto (2012).

II. Taxa de crescimento absoluto

A leitura dos dados na Tabela 4.18 revelou que a AGR, em geral, tendeu a aumentar até 30-60 DAP e depois diminuiu até a maturidade. Isso pode ser devido à senescência e ao envelhecimento das folhas. A AGR variou de 0,41 a 0,56, 3,21 a 5,60, 0,94 a 2,81 g/dia nos estágios 0-30, 30-60 DAP e 60-maturidade, respetivamente, em diferentes tratamentos. Em todos os estágios, diferentes níveis de P exerceram variação significativa em relação à AGR.

A prática do agricultor e a aplicação de 120 kg de P2O5/ha através de fertilizante deram uma AGR (g/dia) significativamente mais elevada em comparação com outros tratamentos em todas as fases de crescimento da cultura. No entanto, o tratamento de controlo registou a menor AGR em todas as fases. Estas conclusões são também apoiadas por Rajput (1985) e Rajput (1989).

III. Taxa de crescimento relativo

É evidente a partir do resultado que os valores de RGR diminuíram gradualmente em todos os tratamentos de P com o avanço dos estágios de crescimento até o estágio de maturidade (Tabela 4.19). Os valores de RGR foram máximos no estágio de 0 a 30 DAP, porque o DM previamente acumulado pelas plantas era zero no início. Mas em estágios avançados de crescimento, a quantidade de MS previamente acumulada pelas plantas foi maior, o que atribuiu o declínio nos valores de RGR.

A prática dos agricultores e a aplicação de 120 kg de P2O5/ha através de fertilizante deram um RGR (mg/g/dia) significativamente mais elevado em comparação com outros tratamentos em todas as fases. O tratamento de controlo registou o menor RGR em todas as fases. Estes resultados estão de acordo com os resultados de Rajput (1989).

8. Efeito de diferentes níveis de P no rendimento

Cada planta passa pelas fases vegetativa e reprodutiva do crescimento para completar o seu ciclo de vida. O rendimento é considerado a expressão final das actividades fisiológicas e metabólicas das plantas e é regido por vários factores. Os factores que contribuem para o rendimento desempenham um papel importante e têm uma influência direta na produtividade das plantas.

A produção de tubérculos e de lânulos/parcela, bem como a t/ha, foram significativamente afectadas pelos diferentes tratamentos com P. Tanto 120 kg de P2O5/ha através de fertilizante como através da prática dos agricultores registaram um rendimento significativamente mais elevado de tubérculos e de casco em comparação com outros tratamentos, incluindo o controlo, sendo 67,08 e 67,16% mais elevado no caso do rendimento de tubérculos e 49,38 e 56,23% mais elevado no caso do rendimento de casco, respetivamente, em comparação com o controlo no que diz respeito a kg/parcela e t/ha. Isso pode ser devido ao maior peso de tubérculo/planta, maior número de caules/planta e fornecimento de quantidade adequada de nutrientes em diferentes estágios e aumento da disponibilidade de P (Ranganathan e Selvaseelan 1997). Este resultado é apoiado por Jatav *et al.* (2011), Kumar *et al.* (2007), Yohana e Carlos (2011), Sommerfeld e Knutson (1965) e Sharma e Arora (1987).

No caso do rendimento biológico, os dados do Quadro 4.21 indicam que todos os diferentes níveis de fósforo aumentaram significativamente o rendimento biológico em relação ao controlo. No entanto, 120 kg de P2O5/ha através de fertilizantes e práticas agrícolas registaram um rendimento biológico significativamente mais elevado em comparação com outros tratamentos e foi 62,82 e 60,17% mais elevado, respetivamente, em comparação com o controlo. Isto pode dever-se a uma maior produção de tubérculos e de lâminas. Estes resultados estão em conformidade com Zelalem *et al.* (2009), Jatav *et al.* (2011), Kumar *et al.* (2007), Yohana e Carlos (2011).

I. Índice de colheita

Os dados da cultura da batata relativos ao índice de colheita revelaram que todos os diferentes tratamentos com fósforo têm um efeito significativo no índice de colheita (%). O valor mais alto do índice de colheita (73,61%) foi registado sob a prática dos agricultores. Além disso, 73,21, 73,12 e 71,34% do índice de colheita foi registado com 120 kg de P2O5/ha através de fertilizante, 90 kg de P2O5/ha através de fertilizante e 60 kg de P2O5/ha através de fertilizante, respetivamente. Isso pode ser devido ao maior rendimento do tubérculo em comparação com o rendimento do lombo em base seca. Estes resultados são apoiados por Gawronska *et al.* (1984).

9. Efeito de diferentes níveis de fósforo nas propriedades físico-químicas do solo

As propriedades químicas do solo viz., pH, CE, carbono orgânico, teor de NPK (kg/ha) foram determinadas antes do início da experiência e após a conclusão do ensaio sob diferentes tratamentos e apresentadas nos quadros 4.22 e 4.23. Os dados indicaram uma ligeira melhoria, mas nenhuma mudança notável nas propriedades químicas sob diferentes tratamentos, exceto OC%, teor de NPK, onde foram observadas mudanças significativas.

No caso do pH e da CE, ambos não foram significativos, mas diminuíram e aumentaram ligeiramente, respetivamente, em comparação com o valor inicial. Tal pode dever-se à natureza ácida dos fertilizantes utilizados. No entanto, o pH e a CE diminuíram e aumentaram de forma não significativa, respetivamente, devido aos diferentes níveis de fósforo, o que pode dever-se à natureza tampão do solo.

Por outro lado, a % de carbono orgânico registou um ligeiro aumento em comparação com o valor inicial e também mostrou uma variação significativa devido às doses de P aplicadas. Os tratamentos T7, T8,

T9, T10 e T6 deram maior OC (%) em comparação com os outros tratamentos. Isso pode ser devido à aplicação de estrume, à incorporação de partes secas de plantas no solo e à decomposição de raízes de culturas durante a duração da cultura. Swarup e Yaduvanshi (2000) também registaram resultados semelhantes, tendo observado que níveis crescentes de aplicação de fertilizantes aumentavam o teor de CO do solo devido à decomposição das raízes, sendo de esperar que o restolho e os resíduos das culturas seguissem a mesma tendência. Vasanthi e Kumarswamy (2000), Tembhare *et al.* (1998) e Verma *et al.* (2005) registaram resultados semelhantes.

A aplicação de 120 kg de P2O5/ha através de fertilizantes e práticas agrícolas registou um teor significativamente mais elevado de NPK (kg/ha) em comparação com outros tratamentos. O NPK mais baixo foi registado no controlo. Isso pode ser devido à adição sucessiva de fertilizante que causou o acúmulo no solo. Assim, o teor mais baixo de NPK coincidiu com o tratamento de controlo. O fósforo também desempenha um papel importante no aumento da disponibilidade de N e K, pelo que uma maior aplicação de P estimula uma maior concentração de NK na solução do solo. Resultados semelhantes foram registados por Bharadwaj *et al.* (1984) e Sharma e Vikas (2007).

10. Efeito de diferentes níveis de fósforo no teor de NPK e na sua absorção

Diferentes doses de P deram uma variação notável no que diz respeito ao conteúdo e absorção de NPK no tubérculo e no casco. A aplicação de 120 kg de P2O5/ha através de fertilizantes e da prática dos agricultores registou um valor significativamente mais elevado de conteúdo (%), bem como de absorção de NPK pela cultura (lanço, tubérculo e total), em comparação com outros tratamentos. No entanto, foram obtidos teores e consumos mínimos de NPK no caule, tubérculo e total no tratamento de controlo. É possível que isso se deva ao facto de a planta utilizar os nutrientes proporcionalmente à concentração da reserva disponível no solo com adições sucessivas de fertilizantes ou estrume. Isto pode ser devido à adição sucessiva de fertilizante que resultou em proporcionalmente, maior disponibilidade no solo para a sua subsequente absorção e utilização pelas plantas. Assim, o teor mais baixo de NPK e a absorção coincidiram com os tratamentos de controlo. O fósforo também desempenha um papel importante na absorção de N e K, pelo que uma taxa de aplicação mais elevada de P estimula uma concentração mais elevada de NK tanto no caule como no tubérculo. Resultados semelhantes foram registados por Bharadwaj *et al.* (1984) e Sharma e Vikas (2007).

11. Eficiência na utilização do fósforo (%)

O PUE é um parâmetro importante para avaliar o padrão de absorção de P da cultura em diferentes níveis de P. Os dados relacionados ao PUE (Tabela 4.30) revelaram que todas as doses de P foram estatisticamente iguais entre si, exceto o controle. Isso pode ser possível devido à maior absorção proporcional de P com o aumento das doses de P. Esse achado está de acordo com Fernandes e Soratto (2012).

12. Efeito de diferentes níveis de fósforo nas propriedades físicas do solo

As propriedades físicas do solo, nomeadamente a textura, a estrutura, a densidade aparente, a densidade das partículas e a capacidade de retenção de água, foram determinadas antes e depois da experiência, com diferentes tratamentos. A leitura dos dados no quadro 4.24 não revelou qualquer alteração notável nas propriedades físicas do solo devido aos diferentes níveis de P e exerceu uma alteração não significativa para todos os parâmetros físicos do solo. A alteração das condições físicas do solo pode ter ocorrido durante um longo período de tempo, que pode ser de centenas de anos, porque geralmente está relacionada com o material de origem do solo.

13. Economia dos tratamentos

A economia dos tratamentos é muito importante do ponto de vista do agricultor. A determinação da avaliação económica dos tratamentos foi feita com base em quatro importantes aspectos, nomeadamente o custo total da cultura, o rendimento bruto, o rendimento líquido e o rácio B:C. Os factores económicos acima mencionados foram calculados por hectare, tendo em conta os valores de mercado existentes para os diferentes inputs e outputs.

I. Custo total da cultura

De um modo geral, o custo total do cultivo de uma cultura num determinado tratamento varia em função do valor de mercado dos factores de produção e das diferentes taxas de aplicação dos factores de produção. Para determinar o custo total do cultivo num determinado tratamento, foram tidos em conta os custos variáveis e invariáveis dos factores de produção e das operações. Os factores de produção e as operações comuns a todos os tratamentos constituem o custo invariável da cultura, ao passo que o custo do fertilizante, da farinha de aveia e do óleo de vaca é o custo variável. Para avaliar o custo total do cultivo, o custo envolvido na plantação da cultura da batata foi tomado em consideração na presente investigação. O custo comum de cultivo para a cultura da batata foi de Rs. 71800/ha para todos os tratamentos. O custo total de cultivo para

VC, FYM foi alto devido à alta taxa de aplicação.

II. Rendimento bruto

O rendimento bruto dos diferentes tratamentos variou consideravelmente. O rendimento bruto é o valor da produção de tubérculos dos diferentes tratamentos. Assim, está diretamente relacionada com a produção de tubérculos e com a taxa de venda dos tubérculos. O rendimento bruto foi máximo (Rs. 210432.00/ha) com a prática dos agricultores, seguido de perto por 120 kg P2O5/ha através de fertilizante (Rs.210348.00/ha). O controlo teve menor rendimento de tubérculos e obteve o menor rendimento bruto (Rs.125910.00/ha) do que os outros tratamentos. O resto dos tratamentos estavam numa posição intermédia para o rendimento bruto que variava entre Rs. 160560.00 e Rs. 199536.00/ha.

III. Lucro líquido

O rendimento líquido é o lucro monetário efetivo de um tratamento particular, porque é determinado subtraindo o custo total de cultivo de um tratamento do rendimento bruto do mesmo tratamento. O rendimento líquido dos diferentes tratamentos variou consideravelmente. O rendimento líquido dos diferentes tratamentos seguiu uma tendência diferente devido aos diferentes custos totais de cultivo. A prática dos agricultores obteve o rendimento líquido máximo (Rs.128736.52/ha) seguido de perto por 120 Kg P2O5/ha através de fertilizante (Rs.126956.52/ha). 100% P2O5 através de vermicomposto obteve o
O rendimento líquido mínimo entre todos os tratamentos. Os restantes tratamentos ficaram numa posição intermédia em termos de rendimento líquido, variando entre Rs. 52081,71 e Rs. 117633,87/ha.

IV. Rácio benefício/custo

É a rentabilidade monetária real (ganho) por cada rupia de investimento num determinado tratamento. O rácio B:C foi máximo (2,58) com a prática dos agricultores, seguido de perto por 120 kg P2O5/ha através de fertilizante (2,52). Foi mínimo sob 100% P2O5 através de vermicomposto (1,22). O resto dos tratamentos estavam em posição intermédia para a relação B:C variando de 2,44 a 1,48, o que deu uma indicação de que tanto VC como FYM em geral, não eram muito remuneradores como fertilizantes químicos, quer aplicados exclusivamente ou em combinação com fertilizantes. Estes resultados são semelhantes aos de Sharma (2013).

RESUMO, CONCLUSÃO E SUGESTÕES

A presente investigação sobre "Otimização das necessidades de fósforo da cultura da batata (*Solanum tuberosum L.*) através de fontes orgânicas e inorgânicas" foi realizada na quinta de investigação da Estação Central de Investigação da Batata do ICAR (CPRS), Gwalior (MP) durante a estação *Rabi* de 2015-16. O experimento foi estabelecido em um projeto de bloco aleatório com dez doses diferentes de fósforo em quatro repetições com os seguintes objetivos: -

1) Estudar o efeito de diferentes níveis e fontes de fósforo no crescimento e rendimento da batata.
2) Analisar o efeito da nutrição com fósforo na fertilidade do solo e na absorção de nutrientes pela cultura.
3) Para descobrir o nível e a fonte de fósforo mais adequados para a batata, e
4) Estudar os aspectos económicos dos diferentes tratamentos.

Os resultados obtidos são resumidos a seguir:

* A altura da planta aumentou significativamente com os diferentes tratamentos de fósforo em todos os estágios de crescimento da cultura. 100% P2O5 através de FYM (T9) e 100% P2O5 através de vermicomposto (T10) foram significativamente superiores aos outros tratamentos em todas as fases, exceto T8, T6,T7, T1 e T5 aos 30 DAP e T6, T8 na fase de maturidade.
* O número máximo de folhas/planta foi observado com a aplicação de 100% P2O5 através de FYM (T9) Considerando que, T10 estava a par com T9 aos 30 DAP enquanto T10 e T8 eram estatisticamente idênticos a T9 aos 60 DAP por outro lado T10, T8, T7, T6 e T1 estavam a par com T9 na maturidade.
* O número de caules/planta foi significativamente aumentado pelos diferentes tratamentos com fósforo em todas as fases de crescimento da cultura. O valor significativamente máximo de caule/planta foi registado com o tratamento T6 (120 kg P2O5/ha através de fertilizante) e foi superior aos outros tratamentos em todas as fases, exceto nos tratamentos T1, T8, T7, T5, T10 e T9 aos 30 DAP, através dos quais foi estatisticamente igual. O valor significativamente mais baixo para o número de caules/planta foi obtido com a parcela de controlo em todas as fases.
* O tratamento T6 (120 kg de P2O5/ha através de fertilizante) e T1 (prática dos agricultores) deram peso fresco/planta, matéria seca/planta, AGR e RGR significativamente mais elevados, mas estatisticamente iguais, do que os outros tratamentos em todas as fases de crescimento da cultura, exceto o T5 aos 30 DAP e o T8 na fase de maturidade, apenas no caso do peso fresco/planta. Os valores mais baixos destes parâmetros foram observados na parcela de controlo.
* O peso fresco e seco do tubérculo/planta foi significativamente maior nos diferentes tratamentos com fósforo em todas as fases de crescimento da cultura. Os tubérculos frescos e o peso seco/planta significativamente mais elevados foram registados com os tratamentos T6 (120 kg P2O5/ha através de fertilizante), T1 (prática dos agricultores) e ambos foram superiores aos outros tratamentos em todas as fases, exceto o tratamento T5 aos 30 DAP e o T8 aos 60 DAP no caso do peso seco do tubérculo, apenas através do qual foi estatisticamente igual. O valor significativamente mais baixo para o número de tubérculos, peso fresco e seco / planta foi obtido com a parcela de controlo em todas as fases.
* O tratamento T6 (120 kg P_2 O5/ha através de fertilizante) deu um número significativamente mais elevado de tubérculos/planta em todas as fases de crescimento da cultura e o controlo teve um número mínimo de tubérculos/planta.
* O controlo registou significativamente o comprimento máximo da raiz e a relação raiz: rebento em comparação com outros tratamentos em todas as fases de crescimento da cultura e foi igual ao T3 aos 30 DAP para o comprimento da raiz. O comprimento de raiz significativamente mais baixo foi encontrado na prática dos agricultores (T1) em todas as fases, exceto T6 aos 60 DAP. No caso do rácio raiz: rebento, o tratamento T6 registou o rácio mais baixo aos 30, 60 DAP e o tratamento T1, T9 na maturidade e o tratamento T9 foi também o mesmo no rácio raiz: rebento mais baixo aos 60 DAP do que o tratamento T6.
* Ambos os tratamentos T6 (120 kg P2O5/ha através de fertilizante) e T1 (prática do agricultor) deram significativamente mais alto, mas estatisticamente igual peso fresco e seco da raiz/planta sobre os outros tratamentos em todas as fases de crescimento da cultura, exceto T5 aos 60 DAP no caso do peso seco da raiz/planta. Os valores mais baixos destes parâmetros foram observados na parcela de controlo.
* Diferentes doses de fósforo registaram um impacto significativo na produção de tubérculos com base na classificação em kg/parcela e t/ha. Sob <25 g (< 3 cm), a parcela de controle deu um rendimento de

tubérculos significativamente maior (3,38 kg / parcela e 2,81 t / ha) em comparação com outros tratamentos, exceto T3, T4, T5 e aplicação de 100% P2O5 através de vermicomposto foi com menor rendimento de tubérculos. Por outro lado, a aplicação de 120 kg de P2O5/ha através de fertilizante apresentou uma produção de tubérculos significativamente mais elevada em 2550 g (3-4 cm) (4,53 kg/parcela e 3,78 t/ha), 50-75 g (4-5 cm) (7,72 kg/parcela e 6,43 t/ha) em comparação com outros tratamentos, exceto os tratamentos T1, T3, T4, T5 e T1 em relação a 25-50 g (3-4 cm) e 50-75 g (4-5 cm) (enquanto a prática do agricultor deu uma produção de tubérculos significativamente máxima (27.14 kg/parcela e 22,62 t/ha) em >75 g (> 5 cm), em comparação com os restantes tratamentos, exceto T6, T5, T9 e T4, que se situaram ao mesmo nível, enquanto o tratamento de controlo apresentou uma produção mínima de tubérculos nos parâmetros de classificação 25-50 g (3-4 cm), 50-75 g (4-5 cm) e >75 g (> 5 cm).

* O número de tubérculos por parcela, com base na classificação, exerceu um efeito significativo nos diferentes tratamentos com fósforo. Sob <25 g (< 3 cm), a parcela de controlo deu significativamente o número máximo de tubérculos (253,50/parcela) e estava a par do tratamento T3, enquanto que a aplicação de 100% P2O5 através de vermicomposto foi com o número mínimo de tubérculos/parcela. Por outro lado, o tratamento T6 (120 kg de P2O5/ha através de fertilizante) registou o número máximo de tubérculos em comparação com os outros tratamentos no que diz respeito aos restantes parâmetros de classificação, exceto o T1 no caso dos parâmetros de classificação 50-75 g (4-5 cm) e >75 g (> 5 cm), que foi igual ao T6. Enquanto que o número mínimo de tubérculos foi obtido na parcela de controlo em relação aos parâmetros de classificação 25-50 g (3-4 cm), 50-75 g (4-5 cm) e >75 g (> 5 cm).
* Diferentes doses de fósforo aumentaram significativamente o número de tubérculos por parcela. A este respeito, a aplicação de 120 kg de P2O5/ha através de fertilizante (T6) resultou num número máximo de tubérculos/parcela (751,00) em comparação com outros tratamentos. O valor significativamente mais baixo para o número de tubérculos por parcela foi registado na parcela de controlo (533,50).
* A aplicação de 120 kg de P2O5/ha através de fertilizante (T6) registou o valor máximo para o número de tubérculos rachados/parcela (72,00) em comparação com outros tratamentos, enquanto que, em termos de peso de tubérculos rachados por parcela, bem como t/ha, a prática do agricultor estava na posição mais elevada (7,76 kg/parcela e 64,67 t/ha, respetivamente) em comparação com os restantes tratamentos. O valor significativamente mais baixo para o número de tubérculos rachados/parcela, rendimento de tubérculos rachados por parcela, bem como q/ha foram registados sob a aplicação de 100% P2O5 através de FYM.
* *O* rendimento de tubérculos, haulm e biológico por parcela e t/ha aumentaram significativamente em todos os tratamentos e foram superiores aos da parcela de controlo. O máximo de tubérculos, haulm e rendimento biológico foi obtido na aplicação de 120 kg P2O5/ha através de fertilizante (T6) e prática do agricultor (T1), que foi significativamente superior aos restantes tratamentos, exceto T5 (90 kg P2O5/ha através de fertilizante) no caso do rendimento biológico apenas e estes tratamentos foram estatisticamente iguais entre si. O rendimento máximo foi de 42,09 kg/parcela e 35,07 t/ha no caso do tubérculo, 25,34 kg/parcela e 21,12 t/ha no caso do haulm e 56,18 t/ha no caso do biológico. Os valores significativamente mais baixos de tubérculo, haulm e rendimento biológico por parcela, bem como q/ha, foram registados na parcela de controlo.
* O valor significativamente mais alto do índice de colheita (73,16%) foi registado com o tratamento T1 (prática dos agricultores), seguido por T6 (73,21%), T5 (73,12%), T4 (71,34%) e todos estes tratamentos foram iguais entre si. O índice de colheita mínimo foi observado no tratamento T8 (50% P2O5 através de vermicomposto + 50% P2O5 através de fertilizante).
* Todos os tratamentos com fósforo registaram um ligeiro aumento em OC% em comparação com o valor inicial de OC% e os valores variaram entre 0,52 e 0,44%.
* Sob diferentes tratamentos com fósforo, os teores de N, P e K no caule e no tubérculo foram observados na faixa de 1,26 a 1,72%, 0,30 a 0,51%, 1,40 a 1,74% e 2,08 a 2,67%, 0,36 a 0,48, 1,42 a 1,79%, respetivamente.
* Os teores máximos significativos de N, P e K foram observados no tratamento T6 (120 kg P2O5/ha através de fertilizante) e T1 (prática do agricultor), tanto para o tubérculo como para o casco. Os teores significativamente mais baixos de N, P e K foram observados na parcela de controlo, no que diz respeito ao tubérculo e ao casco, com 1,26, 0,30, 1,40% e 2,08, 0,36, 1,42% de teor de NPK, respetivamente.
* A absorção máxima de NPK foi registada no tratamento T6 (120 kg de P2O5 através de fertilizante/ha) e T1 (prática dos agricultores) no que diz respeito ao tubérculo, ao caule, à absorção total de NPK da

cultura e ambos os tratamentos foram iguais entre si e significativamente superiores em comparação com outros tratamentos. A absorção mais baixa de NPK foi registada no controlo.

* O valor significativamente máximo de N, P e K disponíveis após a colheita da batata foi registado no tratamento T6 (120 kg P2O5 através de fertilizante /ha) e T1 (prática dos agricultores) em comparação com outros tratamentos. No entanto, o NPK disponível estava na faixa de 170,80 a 187,65, 19,54 a 46,84, 275,71 a 427,60 kg/ha no caso do NPK, respetivamente. A disponibilidade mais baixa destes nutrientes foi observada na parcela de controlo.
* Entre as diferentes doses de fósforo, a prática dos agricultores resultou em renda bruta máxima de Rs. 210432/ha, renda líquida de até Rs. 128736,52/ha com relação B: C de 2,58. Isto foi seguido de perto pela aplicação de 120 Kg P2O5/ha através de fertilizante (rendimento bruto Rs. 210348/ha, rendimento líquido Rs. 126956.52/ha com rácio B : C 2.52).

  O rendimento bruto mínimo (Rs. 125910/ha), o rendimento líquido (Rs. 30454/ha), o rácio benefício: custo (1,22) foram registados sob controlo e 100% P2O5 através de vermicomposto no que diz respeito ao rendimento bruto e ao rendimento líquido, rácio benefício: custo, respetivamente.

Conclusão

Pode concluir-se que a aplicação de 120 kg de P2O5/ha é a melhor dose óptima de fósforo para obter uma maior produtividade, conduzindo, em última análise, a um rendimento líquido máximo e a uma relação benefício: custo na cultura da batata. Portanto, a aplicação de 120 kg de P2O5 através do fertilizante deu o melhor resultado em todos os aspectos.

Sugestões para trabalhos futuros

Uma vez que as conclusões são tiradas com base nos resultados de um ano de experimentação, o estudo deve ser repetido durante, pelo menos, mais dois anos para confirmar os resultados.

A experiência também pode ser repetida para confirmar os resultados obtidos no presente estudo em diferentes condições agro-climáticas.

BIBLIOGRAFIA

A.O.A.C. (1965). Métodos oficiais de análise. The Association of Official Agril. Chemist, 10th ed., pp. 774.

Ahmed, A.A., Zaki, M.F., Shafeek, M.R., Helmy, Y.I. e Abd El-Baky, M.M.H. (2015) Uso integrado de esterco de curral e fertilizante inorgânico de nitrogênio no crescimento, rendimento e qualidade da batata (*Solanum tuberosum* L.). *Int.J.Curr.Microbiol.App.Sci.* **4**(10): 325349.

Ali H., Anjum M.A., e Randhawa, S.A. (2004). Influência do fósforo no potencial de rendimento das culturas de batata (*Solanum tuberosum* L.). *International Journal of Agriculture and bology.* **6**(1):165-167.

Allison, M. F. , Fowler, J. H., e Allen, E. J.(2001). Efeitos dos fertilizantes de fósforo aplicados no solo e foliar na cultura da batata (*Solanum tuberosum*). *The Journal of Agricultural Science.***137** (4): 379395.

Alvarez, S. E., Etchevers, J. D., Ortiz, J. R., Nunez, V. V., Tijerina L. e Martinez, A. (1999). Produção de bagaço e acumulação de fósforo na batata afetada pela nutrição com fósforo. *J. of plant nutr.* **22**:205-217.

Anónimo (2014). Estatísticas da Alimentação e Agricultura,(FAO). *Http//www. fao.org.in/cenário mundial da batata,* 13/09/2015.

Anónimo (2015). Estatísticas agrícolas num relance, Governo da Índia. 2014-15:0-240.

Arancon, N.Q., Edwards, C.A., Bierman, P.J., Metzger, D., Lee, S. e Welch, C. (2003). Efeitos de compostos de parasitas no crescimento e nos frutos comercializáveis de tomates, pimentos e morangos cultivados no campo. *Pedobiologia.* **47**: 731-735.

Araújo, A.P. e Machado, C.T.T. (2006). *Fósforo. In*: Fernandes, *M.S., ed., Nut ri cao mineral de plantas. Vicosa, MG, Sociedade Brasileira de Ciência do Solo,* :253-280.

Baishaya, L.K., Ghosh, D.C., Gupta, V.K., Dubey, S.K., Anup, D. e Patel, D. P.(2012).Produtividade e saúde do solo do campo de batata (*Solanum tuberosum* L.) como influenciado por adubos orgânicos, fertilizantes inorgânicos e biofertilizantes sob alta altitude do Himalaia oriental. *Journal of Agricultural Science.* **4** (5):223-234.

Baishya, L.K., Kumar, M., Ghosh, M., Ghosh, D.C. (2011). Efeito da gestão integrada de nutrientes no crescimento, produtividade e economia da batata alimentada pela chuva nas colinas de Meghalaya. *Intl. J. Agric. Env. Biotech.* **6**(1): 69-77.

Balemi T. (2012).Efeito do uso integrado de estrume de gado e fertilizantes inorgânicos no rendimento de tubérculos de batata na Etiópia.*Journal of Soil Science and Plant Nutrition*, **12** (2): 253-261.

Bhardwaj, V.P.K., Omanwar, R.A. e Singh, V.N. (1984). Efeito do cultivo intensivo e contínuo e da fertilização no rendimento das culturas e na absorção de nutrientes (Resumo). Proc. Seminário sobre recursos de P do solo e gestão da produtividade realizado no IARI, Nova Deli, de 7 a 10 de dezembro, durante 49th Convenção anual da Sociedade Indiana de Ciência do Solo.

Bhawalker, U.S. (1991) Vermiculture technology for LEISA. Seminário sobre Agricultura Sustentável de Baixo Consumo Externo. Amesterdão, Países Baixos.

Black, C.A. (1965). Methods of soil analysis. Parte I e parte II da série Agronomia nº **9**, *Ame. Soc. Agron.*, Inc., Madison, Wisconsin, EUA. Madison, Wisconsin, U.S.A.

Buoyoucos, G.J. (1936). Direção para fazer análise mecânica do solo pelo método do hidrómetro. *Ciência do Solo*, **42**:225-228.

Canali, S., Ciaccia, C., Antichi, D., Barberi, P., Montemurro, F. e Tittarelli, F. (2010). Interacções entre adubo verde e tipo e taxa de correção: Efeitos na dinâmica da batata orgânica e do N mineral do solo. *Journal of Food, Agriculture and Environment*, **8**(2): 537-543.

Chandrakar, C.K. (2013). Técnica agrícola para aumentar o potencial de produtividade da batata (Solanum tuberosum L.) na planície de Chhattisgarh sob irrigação por gotejamento. *Tese de doutoramento* (Ag.) *submetida ao IGKVV, Raipur (C.G.).*

Chettri, M, Mukhopadhyaya, S.K, Konar, A. e Basu, A. (2003). Estudos sobre sequências de culturas à base de batata em Bengala Ocidental. *J Indian Potato Assoc* **30**: 305-308.

CIP (Centro Internacional da Batata) (2012). Potato: Factos e números *(http://cipotato .org / potato/facts.* acedido em 15 de dezembro de 2012.

CIP (2009) Potato facts and figures. *http://cipotato.org/potato/facts.* acedido em 23 de maio de 2014.

Damphey, P., Collins, G., Sagoo, L. e Allison, M. (2013). Crop nutrition for potatoes. British

Potato Council, Agriculture and Horticulture Development Board (*www. potato.org.uk*, acedido em 24 de novembro de 2013.

Dechassa, N., Schenk, M., Claassen, N. e Steingrobe, B. (2003). Eficiência de Fósforo em Couve (*Brassica oleraceae* L. var. *capitata*), Cenoura (*Daucus carota* L.) e Batata (*Solanum tuberosum* L.). *Plant & Soil.* **250**(2):215-224.

Dyson, P. W. e Watson, D. J. (1971). Uma análise dos efeitos do fornecimento de nutrientes no crescimento das culturas de batata. *Annals of Applied Biology.***69** (1) : 47-63.

Eleiwa, E.M., Ibrahim, S. A. e Mohamed, F. M. (2012). Efeito combinado dos níveis de NPK e compostos nutricionais foliares nos parâmetros de crescimento e rendimento das plantas de batata (*Solanum tuberosum* L.). *Jornal Africano de Investigação em Microbiologia.* ***6*** (24): 5100-5109.

Evans, L.T. (1975). Batata. Crop physiology some case histories. (Moorby e Milthorpe) :225-245.

Fageria, N.K., Baliger, V.C. e Jones, C.A. (1997). Crescimento e nutrição mineral das culturas arvenses. **2**[nd] Ed. *Marcel Dekker, Inc.NY, USA.*

Fageria, V.D.(2001). Interacções de nutrientes em plantas cultivadas. *J. Plant Nutr.* **24**:1269-1290.

FAO (Organização das Nações Unidas para a Alimentação e a Agricultura) (2006). Barried treasure: The potato *(http://www. fao.org/potato.2008/in/potayo/utilization.html*, acedido em 15 de dezembro de 2012).

Fernandes, A. M. ,Soratto, R. P. , Moreno, L.D. A. e Evangelista R. M. (2015). Efeito da nutrição com fósforo na qualidade de tubérculos frescos de cultivares de batata .Bragantia, Campinas, **74** (1) :102-109. .

Fernandes, A. M. e Soratto, R. P. (2012). Nutrição, acúmulo e particionamento de matéria seca e eficiência de uso de fósforo da batata cultivada em diferentes níveis de fósforo em solução nutritiva. *R. Bras. Ci. Solo*, **36**:1528-1537.

Fontes, P.C.R. (1997). *Preparo do solo, nutrigdo mineral e adubagdo da batateira. Vigosa, MG, Universidade Federal de Vigosa*: 42.p359

Gawronska, H., Delle, R.B., Pavek, J.J. e Rowe, P. (1984). Partição de fotoassimilados por quatro clones de batata (*Solanum tuberosum* L.). *Crop. Sci.* **24**: 1031-1036.

Grewal, J. S. e Trehan, S. P. (1993). Phosphorus and potassium nutrition of potato. *Avanços em horticultura*, **7**: 261-298.

Hahlin, M. (1992). *Fosfor till potatis och efterfoljande grodor. Ingar i SpoR Potatisodlaren.***10** (3): 42-43.

Hassanpanah, D., Hosienzadeh, A. A., Dahdar, B., Allahyari, N. e Imanparast, L. (2009). Efeitos de diferentes taxas de fertilizantes de azoto e fósforo no rendimento e nos componentes do rendimento dos mini-tubérculos da cultivar de batata Savalan. Alimentação, *Agricultura e Ambiente* (JFAE) **7**(2): 415-418.

Henriques, I.C., Moreira, I. e Monteiro, A. (2010). Efeitos da fertilização com fósforo na produção da cultura da batata (*Solanum tuberosum* L.), no país do Huambo (Angola).*Revista de Ciências Agrárias (Portugal)*, **33** (2):201-210. *http://www scielo.oces.mctes.pt/scielo. php?script=...*)

Hopkins, B.G. e J.C., Stark.(2003). Efeitos do ácido húmico na resposta da batata ao fósforo. p. 87-92. Em L.D. Robertson et. al. (eds.) Proceedings of the Winter Commodity Schools - 2003. Vol. **35.** University of Idaho-Cooperative Extension System, Moscovo, Idaho.

Hopkins, B.G., Rosen, C.J., Shiffler, A.K. e Taysom, T.W. (2008). Fertilizantes de eficiência melhorada para uma melhor gestão dos nutrientes: batata (*Solanum tuberosum* L.). *Crop Management Online doi: 10.1094 /CM- 2008-0317-01-RV.. Disponível em http://www.plant managementne twork.org/pub/cm/ symposium enhanced potato.*

Hu, Y., Ye, X., Shi, L., Duan, H.e Xu, F. (2010). Diferenças genotípicas na morfologia da raiz e cinética de absorção de fósforo em *Brassica napus* sob baixo suprimento de fósforo. *J. Plant Nutr.* **33**:889-901.

Islam, M.M., Akhter, S., Majid, N.K., Ferdous, J. e Alam, M.S. (2013). Gestão integrada de nutrientes para batata (*Solanum tuberosum*) em solo de terraço cinzento (Aric Albaquipt). *AJCS* **7**(9):1235-1241.

Israel, Z., Ali, M., e Solomon, T. (2012). Efeito de diferentes taxas de fertilização com azoto e fósforo no rendimento e na componente de rendimento da batata (*Solanum tuberosum* L.) em

Mashan, Sudoeste da Etiópia. *Jornal Africano de Ciência das Plantas.* **3** (2): 016-024.
Jacob, W.C., Middelem, C.H.V.,Nelson, W.L., Welch,C.D. e Hall,N.S. (1947). Utilização de fósforo pela batata. Corenell journal series paper 312 e north corenell journal series paper 313, apoiados em parte por uma subvenção do comité de investigação de fosfatos da indústria.
Jatav, M.K. , Sud, K.C. e Trehan, S.P. (2010). Efeito de fontes orgânicas e inorgânicas de fósforo e potássio nas suas diferentes fracções sob a sequência de culturas batata-rábano num solo de colina castanha. *Journal of the Indian Socity of Soil Science* **58**(4): 388-393.
Jatav, M.K., Dua, V.K., Kumar, M., Trehan, S.P., Singh, S.K., Khurana, S.C., Bhatia, A.K., Nandekar, D.N., Manorama, K., Patel, C.K., Trivedi, S.K., Das, S.N., Chettri, M., Raghav, M., Jha, G., Saikia, M., Naik. P.S. e Verma, D. (2013). Recomendação de fósforo baseada em testes de solo para batata. *Ciência dos vegetais* **40** (1): 17-22.
Jatav, M.K., Sharma, R.P., Kumar, M., Trehan, S.P., Dua, V.K. e Lal, S.S. (2011). Utilização integrada de FYM e fontes inorgânicas de nutrientes na sequência de culturas de batata-rabanete. *Vegetable Science* **38**(1): 44-48.
Karlen, D.M.e Camp, C.R. (1985). Espaçamento entre linhas, população de plantas e efeito da gestão da água no milho na planície costeira de Atlanta. *Agronom. J.* **77**: 393-398.
Kate, D.M., Solanke, A.V., Tiwari, T.K. e Nemade, S.M. (2005). Crescimento e rendimento de cultivares de batata afectados pelo sistema integrado de gestão de nutrientes. *Jornal das Universidades Agrícolas de Maharashtra* **30** (2): 236-237.
Koeing, R.A. e Johnson, C.R. (1942). Determinação calorimétrica de fósforo em materiais biológicos. *Ind. Engg. Chem. Ann.,* **14**: 155-156.
Kumar, C.V.R.,Prakash, S.S., Prashant, G.M.H.A. e Chikkaramappa, T. (2013). Crescimento e rendimento da batata como influenciado por fontes e tempo de aplicação de fertilizantes sob condição de chuva. *Tendências em Biociências,* **6** (4): 377-381.
Kumar, M., Baishaya, L.K., Ghosh, D.C., Gupta, V.K., Dubey, S.K., e Das, A. (2012). Produtividade e saúde do solo do campo de batata (*Solanum tuberosum* L.) como influenciado por adubos orgânicos, inorgânicos
Fertilizantes e Biofertilizantes em Altas Altitudes dos Himalaias Orientais. *Journal of Agricultural Science*, **4** (5): 223-234.
Kumar, P., Pandey, S.K. , Singh, B.P., Singh ,S.V. e Kumar, D. (2007). Otimização das necessidades de fósforo das variedades de batata para as planícies do centro-oeste da Índia. *Potato J.* **34** (3 - 4): 199-202.
Machado,C.T.T., Furlani, A.M.C. e Machado, A.T. (2001). *Índices de eficiência de variedades locáis e melhoradas de milho ao fósforo. Bragança,* **60**:225-238.
Mahur, R.N., Datta, N.P., Subramoney, S. H., Leley, V.K. e Donaline, L. V. (1965). Soil testing in India. Missão da Agência dos Estados Unidos para o Desenvolvimento Internacional na Índia: 39 - 45.
Maier, N.A., Dahlenburg. A.P, e Williams, C.M.J. (1995). Efeitos do azoto, fósforo e potássio no rendimento, gravidade específica, cor estaladiça e composição química dos tubérculos da batata (*Solanum tuberosum* L.) cv. Kennebec [1994]. Agris **34**(6):813-824.
Matiwos, T. e Shashidhar, T.R. (2011). Estudos de gestão integrada de nutrientes em batata (*Solanum tuberosum* L.). *Dissertação de Mestrado (Ag) apresentada à Universidade de Ciências Agrícolas, Dharwad University of Agricultural Science, Dharwad.*
Meena, B.P., Kumar A.,. Meena S.R, Shiva D.,. Rana D.S e Rana K.S. (2013). Efeito das fontes e níveis de nutrientes no crescimento e no comportamento do rendimento da sequência de milho pop (Zea mays) e batata (*Solanum tuberosum*). *Indian Journal of Agronomy* **58** (4): 474-479.
Meena, S.R., Kumar, A., Jat, N.K., Meena B.P. , Ranas D.S. e Idnani L.K.(2012). Influência das fontes de nutrientes no crescimento, na produtividade e na economia do sistema de cultivo de milho para bebé *(Zea mays*)-batata (*Solanum tuberosum*)-mungbea (*Vigna radiate). Indian Journal of Agronomy* **57** (3): 217-221.
Miller, R.H. e Keeney, D.R. (1982). Método de análise do solo. Parte 2. Propriedades químicas e microbiológicas, 2nd edition. *Monografia de agronomia, ASA e SSA*: Madison, WI.
Misgina, N.A.(2016). Efeito das taxas de fertilizantes de fósforo e potássio no rendimento e no componente de rendimento da batata (*Solanum tubersum* L,) em K / Awlaelo, Tigray, Etiópia. Ciência dos Alimentos e Gestão da Qualidade *www.iiste.org* ISSN 2224 6088 (Papel) ISSN 22250557 (Online) Vol.**48**.
Mondal, S.S., Acharya, D., Ghosh, A., e Bug, A., (2005). Integrated nutrient management on

the growth, productivity and quality of potato in Indo-gangetic plains of West Bengal. *Potato J.* **32** (1 - 2): 75-78.

Mulubrhan, H. (2004). O efeito da fertilização com azoto, fósforo e potássio no rendimento e nos componentes do rendimento da batata (*Solanum tuberosum* L.) cultivada em solos verticais da área de Mekele. Tese de Mestrado. Universidade de Haramaya, Etiópia, : 22-54.

Narayan, S., Kanth, R.H., Narayan, R., Khan, A. R., Singh, P. e Rehman, U.S. (2013). Efeito das práticas integradas de gestão de nutrientes no rendimento da batata. *Potato J.* **40** (1):84-86.

Olsen, S.R., Cole, C.V., Watanabe, F.S. e Dean, L.A. (1954). Estimativa do fósforo disponível nos solos por extracções com bicarbonato de sódio. *U.S. Dept. of Agric. Circular*, 939.

Opena G.B.e Porter, G.A. (1999). Efeitos do manejo do solo e da irrigação suplementar na batata: II. Crescimento da raiz. *Agro. Journal.* **91**(3):426-431.

Ozturk, E., Kavurmac, Z., Kara, K. e Polat, T. (2010). Os efeitos de diferentes taxas de azoto e fósforo em alguns traços de qualidade da batata. *Potato Research.* **53**(4):309-312.

Patidar, S. (2014). Efeito da aplicação a longo prazo de fertilizantes e estrume de quintal nos atributos bioquímicos, rendimento e qualidade da soja. *Dissertação de Mestrado (Ag.) apresentada a JNKVV, Jabalpur (M.P.).*

Piper, C.S. (1950). Soil and plant analysis. Inter science Publishers, Inc. Nova Iorque. *Adelaide University of Adelaide*: 223-27.

Powon, M.P.,Aguyoh, J.N., e Mwaj, J. A. V.(2006). Crescimento e produção de tubérculos de batata (Solanum tuberosum L.) sob diferentes níveis de fósforo e FYM. *Agricultura tropica et subtropica.* **39**(3):189-194.

Prativa, K.C. e Bhattarai B.P. (2011). Efeito da Gestão Integrada de Nutrientes no Crescimento, Rendimento e Estado dos Nutrientes do Solo no Tomate. *Nepal Journal of Science and Technology,* **12**: 23 - 28.

Rajput, O.P. (1985). Efeito de diferentes níveis de fósforo no crescimento, rendimento e qualidade da soja. *Tese de Mestrado (Ag.) apresentada a JNKVV, Jabalpur (M.P.).*

Rajput, R.L. (1989). Quality of soybean seeds as influenced by plant density, moisture regimes and phosphorus status. *Tese de doutoramento* (Ag.) *apresentada à Universidade de Jiwaji, Gwalior (M.P.).*

Ranganathan, D.S. e Salvseelan, D.A. (1997). O efeito do composto gasto de cogumelos em combinação com a aplicação de ferilizante na absorção de nutrientes pela batata em um Ultic. Tropudalf. *Journal of the Indian Society of Soil Science.* **45**(3):515 - 519.

Richard, L.A.E. (1954). Diagnosis and Improvement of Saline and Alkaline Soil (Diagnóstico e Melhoramento de Solos Salinos e Alcalinos). *USDA, Washington,* Hand book No.50.

Rosen, C. J. e Bierman, P. M. (2008). Rendimento da Batata e Conjunto de Tubérculos Afectados pela Fertilização com Fósforo. *American J. Potato Res.* **85**(2):110-120.

Rosen, C. J., Keith, A. K. e Jeffery, C. S. (2014). Otimização da gestão de fertilizantes de fósforo na produção de batata. *American J. Potato Res.* **91**:145-160.

Sahu, E., Sarnaik, D.A., Joshi, P.K., Sharma, P. K. e Barik, S. B. (2014).Influência de fertilizantes orgânicos e inorgânicos no crescimento, rendimento e economia da cultura da batata nas planícies de Chhattisgarh. *Journal of Plant Development Science* **6** (3): 451-454.

Sarkar, A., Sarkar, S. e Zaman, A. (2011). Crescimento e rendimento da batata influenciados pela combinação de adubos orgânicos e fertilizantes inorgânicos. *Potato Journal* **38** (1): 78-80.

Sayed, F. E.S., Hassan, A. H., Mohamed, M. E.O., (2015). Impacto dos fertilizantes bio e orgânicos no rendimento da batata, qualidade e perda de peso do tubérculo após a colheita. *Potato Research* **58**(1): 67-81.

Shambhavi, S. e Sharma, R.P., (2011).Influência do vermicomposto no desempenho da batata num alfisol ácido. *Potato J* **38** (2): 182-184.

Sharma, D. (2014). Avaliação de variedades de arroz em agricultura biológica. *Dissertação de Mestrado (Ag.) apresentada a JNKVV, Jabalpur (M.P.).*

Sharma, V e Vikas, A. (2007). Effect of phosphorous and zinc application on yield and uptake of P and Zn by chickpea under rainfed conditions. *Journal of food legumes,* **20**(1): 49-51

Sharma, V.C. e Arora, B.R. (1987). Efeitos da aplicação de azoto, fósforo e potássio no rendimento dos tubérculos de batata (*Solanum tuberosum* L.). *Journal of Agricultural Sciences.* **108**: 321329.

Singh, K.P., Singh, R.K., Singh, S.N. e Singh, V.K. (2007).Effect of fertilizer level, seed rate and seed size on yield of potato in acidic soils of Manipur. *Potato J.* **34** (1-2): 93-94.

Singh, S.K. e Lal, S.S. (2011).Gestão integrada de nutrientes em sistemas de cultivo à base de batata nas planícies aluviais do sul de Bhihar. *Potato J* **38** (2): 162-169.
Singh, S.P., Kushwah, V.S. e Lal, S.S. (2011). Gestão integrada de nutrientes na sequência de grama-preta-batata-trigo. *Potato J*. **38** (2): 170-175.
Sommerfeldt, T.G. e Knustson, K. W. (1965). Efeitos do azoto e do fósforo na resposta do crescimento às temperaturas do solo, densidade aparente e fertilizante azotado. *American Potato Journal*. **45**: 231237
Sood .C.,(2007) Integrated nutrient supply and management for potato production in mid hills of Shimila. Potato J. **34** (1-2): 101-102.
Subbiah, B.V. e Asiza, G.L. (1956). Um procedimento rápido para a estimativa do azoto disponível nos solos. *Curr. Sci.*, **25**: 259 - 260.
Sud, K.C., Jatav, M.K. e Trehan, S.P. (2005). Efeito do PK aplicado a partir de fontes orgânicas e inorgânicas no desempenho da batata em condições de sequeiro nas colinas de Shimla. *Potato J.* **32** (3-4): 153-154.
Suh, C., Meka, S. S., Ngome, A. F., Neba, D. A., Kemngwa, I. T., Sonkouat, A. D. e Njualem, D. (2015). Efeito de fertilizantes orgânicos e inorgânicos no crescimento e rendimento da batata (Solanum tuberosum L.) nas terras altas ocidentais dos Camarões. *Revista Internacional de Investigação para o Desenvolvimento.* **5**(2): 3584-3588.
Swarup, A. e Yaduvanshi, N.P.S. (2000). Efeito da Gestão Integrada de Nutrientes nas propriedades do solo e na produção de arroz em solo alcalino. *J. Indian Soc. Soil Sci.* **48**:279-282.
Taheri, N., Sharif, A., H.H., Yousefi, K. e Roholla, M. S. (2012). Efeito do composto e do estrume animal com fertilizante de fósforo e zinco no rendimento das batatas de semente. *Jornal de Ciência do Solo e Nutrição de Plantas,* **12** (4): 705-714.
Taheri, N., Sharif-Abad, H.H., Yousefi, K. e Mousavi, S.R. (2011). Efeito do adubo orgânico com fósforo e zinco no rendimento da batata-semente. *Australian Journal of Basic and Applied Sciences,* **5**(8): 775-780.
Tembhare, B.R., Dwivedi, A.K. e Tiwari A. (1998). Efeito do cultivo contínuo e da utilização de fertilizantes no rendimento das culturas e na fertilidade de um Haplustert. Proc. Workshop nacional de gestão da fertilidade a longo prazo através de um sistema integrado de fornecimento de nutrientes. IISS, Bhopal: 221-228.
Tu, C., Ristaino, J.B. e Hu, S. (2006). Biomassa e atividade microbiana do solo em sistemas de cultivo de tomate orgânico: Efeitos de insumos orgânicos e cobertura morta com palha. *Soil Biol. Biochem.* **38**, 247-255.
Turuko, M. e Mohammed, A. (2014). Efeito de diferentes taxas de fertilizante de fósforo no crescimento, rendimento de matéria seca e componente de rendimento do feijão comum (*Phaseolusvulgaris* L.) *World Journal of Investigação Agrícola*, **2**(3): 88-92.
Upadhayay, N.C., Khan, M.A., Shukla, A. K. e Singh, O.P. (2007).Produção de batata biológica - a forma biodinâmica.*Potato J.* **34** (1-2) : 107-108.
Vasanthi, D. e Kumaraswamy, K. (2000). Effect of manure and fertilizer schedules on the yield and uptake of nutrients by cereal forder crops and on soil fertility. *J. Indian Soc. Soil Sci.* **48**:510515.
Venkatasalam, E.P., Singh, S. e Sharma, S. (2012). Efeito de adubos orgânicos no rendimento e rendimento atribuindo caracteres de batata. *Potato J.* **39** (1):84-87.
Verma, A, Nepalia, V. e Kanthaliya, P.C. (2005). Efeito do cultivo contínuo e da fertilização no rendimento das culturas e no estado dos nutrientes de um Haplustept Typic. *J. Indian Soc. Soil. Sci.* **53** (3): 365-368.
Vichiato, M., Carvalho, J.G., Vichiato, M.R.M., e Silva,C.R.R.(2009). *Inleracdes fosforo-magnesio em mudas de mamoeiros Tainung n°. 1 e Improved Sunrise Solo 72/ 12. Ci Agrotec.,* **33**:1265-1271.
Westermann, D.T., James, D.W., Tindall, T.A. e Hurst, R.L. (1994a). Fertilização de batatas com azoto e potássio: Rendimento e gravidade específica. *American Potato Journal.* **71**:417-431.
Westermann, D.T., James, D.W., Tindall, T.A. e Hurst, R.L. (1994b). Fertilização de batatas com nitrogénio e potássio: açúcar e amido. *American Potato Journal.* **71**: 433-453.
Wondimu, G. (2014). Resposta da batata (*Solanum tuberosum* L.) à aplicação de nitrogênio,

fósforo e FYM em Debark, nordeste da Etiópia. *Dissertação de Mestrado (Ag.) apresentada à Universidade de Haramya, Etiópia.*

Yadav, S.K., Srivastava, A.K. e Bag, T.K. (2014). Efeito da gestão integrada de nutrientes na produção de tubérculos de sementes de sementes de batata verdadeira (*Solanum tuberosum*). *Indian J. Agron.* **59** (4): 646-650.

Yohana, C. R. M. e Carlos, E.N.L. (2011). Efeitos dos níveis de fósforo e potássio no rendimento da variedade de tubérculos Criolla Colombia no departamento de Cundinamarca. *Agronomía Colombiana* **29**(2): 205-212.

Zelalem, A., Tekalign, T. e Nigussie, D.(2009).Resposta da batata (Solanum tuberosum L.) a diferentes taxas de fertilização com azoto e fósforo em solos verticais em Debre Berhan, nas terras altas centrais da Etiópia. *Jornal Africano de Ciências Vegetais.* **3** (2): 1624.

APÊNDICE

APÊNDICE - I

Valor da soma média dos quadrados para a população de plantas por parcela

Fonte de variação	d.f.	População de plantas / parcela	
		24 DAS	Maturidade
Replicação	3	104.758	1.092
Tratamento	9	139.581NS	1.614NS
Erro	**27**	74.018	1.555

NS - Não significativo

APÊNDICE - II

Valor da soma média dos quadrados para a altura das plantas

Fonte de variação	d.f.	Pl	altura da planta (cm) em	
		30 DAS	60 DAS	Maturidade
Replicação	3	11.761	1.171	5.421
Tratamento	9	16.**436****	15.**145****	28.**703****
Erro	**27**	4.409	3.566	5.092

**** Significativo a p=0,01**

APÊNDICE - III

Valor da soma média dos quadrados para a biomassa fresca por planta

Fonte de variação	d.f.	Biomassa fresca por planta (g)

		30 DAS	60 DAS	Maturidade
Replicação	3	141.344	1999.657	2055.515
Tratamento	9	1339.**564****	6640.**201****	32806.**880****
Erro	**27**	145.627	968.860	2517.538

**** Significativo a p=0,01**

APÊNDICE - IV

Valor da soma média dos quadrados para o número de folhas por planta

Fonte de variação	d.f.	Número de folhas por planta		
		30 DAS	**60 DAS**	**Maturidade**
Replicação	3	8.225	17.006	2.489
Tratamento	9	83.**911****	119.**256****	58.**415****
Erro	**27**	8.426	12.562	15.985

**** Significativo a p=0,01**

APÊNDICE - V

Valor da soma média dos quadrados para o número de caules por planta

Fonte de variação	d.f.	Número de caules por planta		
		30 DAS	**60 DAS**	**Maturidade**
Replicação	3	0.092	0.113	0.099
Tratamento	9	0.**490****	1.**204****	1.**532****

Erro	27	0.050	0.058	0.086

** Significativo a p=0,01

APÊNDICE - VI

Valor da soma média dos quadrados para o peso seco total por planta

Fonte de variação	d.f.	Peso seco total por planta (g)		
		30 DAS	60 DAS	Maturidade
Replicação	3	0.049	20.334	100.595
Tratamento	9	7.**198****	2072.**028****	6115.**007****
Erro	**27**	0.218	26.362	41.630

** Significativo a p=0,01

APÊNDICE - VII

Valor da soma média dos quadrados para o comprimento da raiz

Fonte de variação	d.f.	Comprimento da raiz (cm)		
		30 DAS	60 DAS	Maturidade
Replicação	3	0.754	0.811	0.205
Tratamento	9	2.**425****	2.**233****	2.**997****
Erro	**27**	0.614	0.530	0.606

** Significativo a p=0,01

APÊNDICE - VIII

Valor da soma média dos quadrados para o peso fresco da raiz por planta

Fonte de variação	d.f.	Peso fresco da raiz por planta		lant (g)
		30 DAS	60 DAS	Maturidade

Replicação	3	0.726	0.160	1.305
Tratamento	9	2.127**	2.594**	5.437**
Erro	27	0.277	0.251	0.770

** Significativo a p=0,01

APÊNDICE - IX

Valor da soma média dos quadrados para o peso seco da raiz

Fonte de variação	d.f.	Peso seco da raiz (g) /planta		
		30 DAS	60 DAS	Maturidade
Replicação	3	0.02	0.023	0.045
Tratamento	9	0.17**	0.094*	0.334**
Erro	27	0.02	0.031	0.022

** Significativo a p=0,01, * Significativo a p=0,05

APÊNDICE - X

Valor da soma média dos quadrados para o número de tubérculos por planta

Fonte de variação	d.f.	Número de tubérculos por planta		
		30 DAS	60 DAS	Maturidade
Replicação	3	0.301	1.036	1.132
Tratamento	9	5.958**	3.900**	3.470**
Erro	27	0.139	0.481	0.854

** Significativo a p=0,01

APÊNDICE - XI

Valor da soma média dos quadrados para o peso fresco do tubérculo por planta

Fonte de variação	d.f.	Peso fresco do tubérculo por planta (g)		
		30 DAS	60 DAS	Maturidade
Replicação	3	0.768	89.508	424.497
Tratamento	9	8.517**	2420.757**	21717.701**
Erro	27	0.359	64.712	1365.121

** Significativo a p=0,01

APÊNDICE - XII

Valor da soma média dos quadrados para o peso seco do tubérculo

Fonte de variação	d.f.	Peso seco do tubérculo (g)		
		30 DAS	60 DAS	Maturidade
Replicação	3	0.000025	3.047	12.609
Tratamento	9	0.007072**	68.403**	568.460**
Erro	27	0.000126	2.846	34.381

** Significativo a p=0,01

APÊNDICE - XIII

Valor da soma média dos quadrados para o número de tubérculos por parcela, com base na classificação

Fonte de variação	d.f.	Número de tubérculos por parcela com base na classificação

		<25 g (< 3 cm)	25-50 g (3-4 cm)	50-75 g (4-5 cm)	>75 g (> 5 cm)	Total
Replicação	3	152.900	84.033	20.292	143.025	419.467
Tratamento	9	4906.88 9**	2643.73 3**	1563.45 8**	5056.33 6**	24165.45 6**
Erro	**27**	57.437	40.719	18.569	96.136	211.189

**** Significativo a p=0,05**

APÊNDICE - XIV

Valor da soma média dos quadrados para o rendimento de tubérculos por parcela, com base na classificação

Fonte de variação	**d.f.**	**Rendimento de tubérculos por parcela com base na classificação**			
		<25 g (< 3 cm)	**25-50 g (3-4 cm)**	**50-75 g (4-5 cm)**	**>75 g (> 5 cm)**
Replicação	3	0.019	0.045	0.093	0.577
Tratamento	9	0.**441****	0.**790****	7.**796****	52.**323****
Erro	**27**	0.032	0.030	0.069	0.915

**** Significativo a p=0,01**

APÊNDICE - XV

Valor da soma média dos quadrados para o rendimento de tubérculos t/ha com base na classificação

Fonte de variação	**d.f.**	**Rendimento do tubérculo t/ha**

		<25 g (< 3 cm)	25-50 g (3-4 cm)	50-75 g (4-5 cm)	>75 g (> 5 cm)
Replicação	3	0.013	0.031	0.065	0.401
Tratamento	9	0.**306****	0.**548****	5.**414****	36.**336****
Erro	**27**	0.023	0.021	0.048	0.636

** **Significativo a p=0,01**

APÊNDICE - XVI

Valor da soma média dos quadrados para o número total e o rendimento de tubérculos fendidos

Fonte de variação	d.f.	Tubérculo de crack			
		Número/parcela	Número/ha	Rendimento kg/parcela	Rendimento t/ha
Replicação	3	20.823	1446.014	0.474	0.329
Tratamento	9	954.**208****	66264.**439****	12.**945****	8.**990****
Erro	**27**	9.173	637.033	0.239	0.166

** **Significativo a p=0,01**

APÊNDICE - XVII

Valor da soma média dos quadrados para a relação raiz/parte aérea

Fonte de variação	d.f.	Rácio raiz-raiz		
		30 DAP	60 DAP	Maturidade
Replicação	3	0.0034	0.00037	0.00013
Tratamento	9	0.**0236****	0.**00186****	0.**00450****

Erro	27	0.0023	0.00051	0.00052

** Significativo a p=0,01

APÊNDICE - XVIII

Valor da soma média dos quadrados para AGR

Fonte de variação	d.f.	AGR g/dia		
		0-30 DAP	30-60 DAP	60-Maturidade
Replicação	3	0.000055	0.023	0.168
Tratamento	9	0.**007998****	2.**047****	1.**199****
Erro	**27**	0.000242	0.029	0.059

** Significativo a p=0,01

APÊNDICE - XIX

Valor da soma média dos quadrados para RGR

Fonte de variação	d.f.	RGR mg/g/dia		
		0-30 DAP	30-60 DAP	60-Maturidade
Replicação	3	8.995	1.984	5.933
Tratamento	9	37.**959****	21.**736****	7.**008****
Erro	**27**	7.895	2.702	2.162

** Significativo a p=0,01

APÊNDICE - XX

Valor da soma média dos quadrados para o rendimento em tubérculos e em lâminas (kg/parcela)

Fonte de variação	d.f.	Tubérculo	Haulm
Replicação	3	1.432	0.602
Tratamento	9	104.241	31.803

Erro	27	2.161	1.019

** Significativo a p=0,01

APÊNDICE - XXI

Valor da soma média dos quadrados para o rendimento da cultura (t/ha) e o índice de colheita (%)

Fonte de variação	d.f.	Tubérculo	Haulm	Biológico	HI (%)
Replicação	3	0.994	0.418	0.670	1.637
Tratamento	9	72.**390****	22.**086****	155.**861****	45.**280****
Erro	**27**	1.501	0.708	2.628	2.863

** Significativo a p=0,01

APÊNDICE - XXII

Valor da soma média dos quadrados para BD, PD e WHC (%)

Fonte de variação	d.f.	BD	PD	WHC (%)
Replicação	3	0.00034	0.024	0.914
Tratamento	9	0.00019 ^{NS}	0.010 ^{NS}	0.503 ^{NS}
Erro	**27**	0.00122	0.032	2.049

NS- Não significativo

APÊNDICE - XXIII

Valor da soma média dos quadrados para pH, CE (dS/m) e OC%

Fonte de variação	d.f.	pH	CE	OC
Replicação	3	0.038	0.00011	0.0016

Tratamento	9	0.029 NS	0.00046 NS	0.0051*
Erro	**27**	0.052	0.00023	0.0017

*** Significativo a p=0,01, NS - Não significativo**

APÊNDICE - XXIV

Valor da soma média dos quadrados para o teor de NPK disponível no solo (kg/ha)

Fonte de variação	**d.f.**	**N**	**P**	**K**
Replicação	3	35.488	2.600	401.415
Tratamento	9	113.**494***	267.**499****	9509.**421****
Erro	**27**	38.596	4.653	849.156

**** Significativo a p=0,01, * Significativo a p=0,05**

APÊNDICE - XXV

Valor da soma média dos quadrados para o teor de NPK nos tubérculos (%)

Fonte de variação	**d.f.**	**N**	**P**	**K**
Replicação	3	0.0008	0.0039	0.035
Tratamento	9	0.**0796****	0.**0307****	0.**048***
Erro	**27**	0.0212	0.0031	0.021

**** Significativo a p=0,01, * Significativo a p=0,05**

APÊNDICE - XXVI

Valor da soma média dos quadrados para o teor de NPK no haulm (%)

Fonte de variação	**d.f.**	**N**	**P**	**K**

Replicação	3	0.022	0.0006	0.043
Tratamento	9	0.130**	0.0058**	0.051*
Erro	**27**	0.012	0.0011	0.017

** Significativo a p=0,01, * Significativo a p=0,05

APÊNDICE - XXVII

Valor da soma média dos quadrados para a absorção de N pela cultura (kg/ha)

Fonte de variação	d.f.	Tubérculo	Haulm	Total
Replicação	3	9.423	51.467	101.246
Tratamento	9	1762.592**	902.965**	4698.257**
Erro	**27**	76.044	19.242	77.303

** Significativo a p=0,01

APÊNDICE - XXVIII

Valor da soma média dos quadrados para a absorção de P pela cultura (kg/ha)

Fonte de variação	d.f.	Tubérculo	Haulm	Total
Replicação	3	19.613	0.413	20.958
Tratamento	9	208.452**	29.812**	374.781**
Erro	**27**	10.420	1.001	11.158

** Significativo a p=0,01

APÊNDICE - XXIV

Valor da soma média dos quadrados para a absorção de K pela cultura (kg/ha)

Fonte de variação	d.f.	Tubérculo	Tubérculo	Total
Replicação	3	63.832	16.206	24.885
Tratamento	9	1625.617**	339.728**	3229.943**
Erro	**27**	84.819	14.445	96.434

**** Significativo a p=0,01**

APÊNDICE - XXV

Valor da soma média dos quadrados para a eficiência da utilização do fósforo

Fonte de variação	d.f.	PUE %
Replicação	3	4.065
Tratamento	9	273.907**
Erro	**27**	18.831

**** Significativo a p=0,01**

FIGURAS

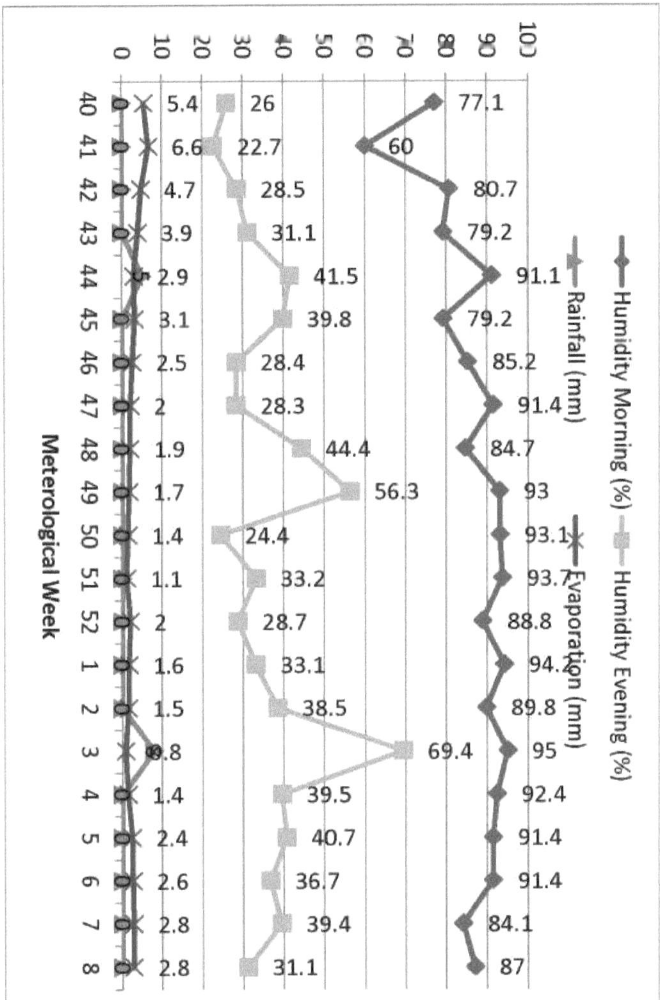

Fig 3.1b: Humidade (%), Precipitação (mm) e Evaporação durante a época agrícola de 2015-16.

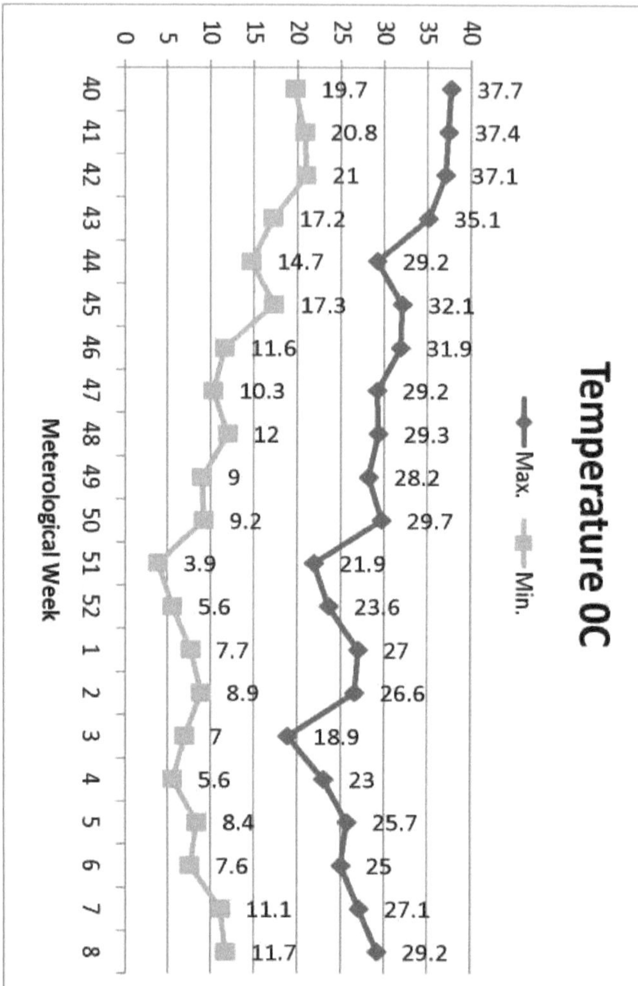

Fig. 3.1a: Temperatura máxima e mínima (°C) durante a época agrícola de 2015-16.

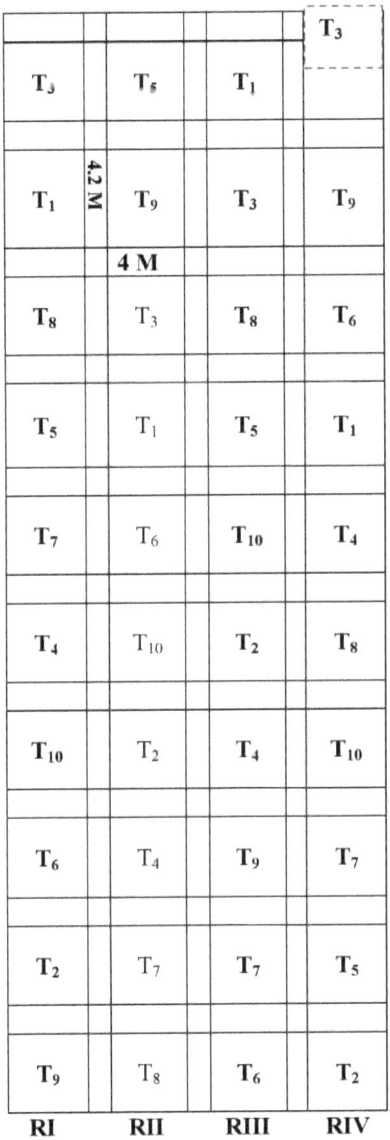

Fig. 3.2 Layout plan

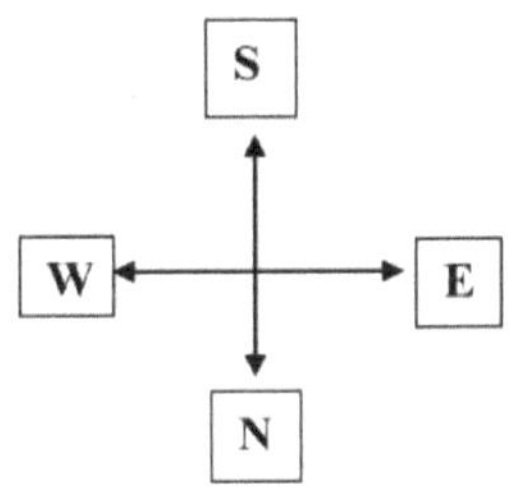

Fig. 4.1: Efeito de diferentes níveis de fósforo no estande de plantas de batata

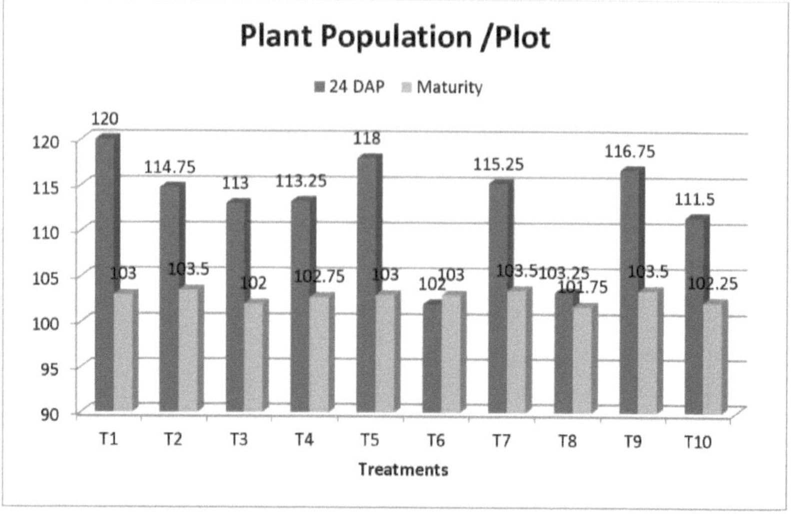

Fig. 4.2 Efeito de diferentes níveis de fósforo na altura das plantas de batata

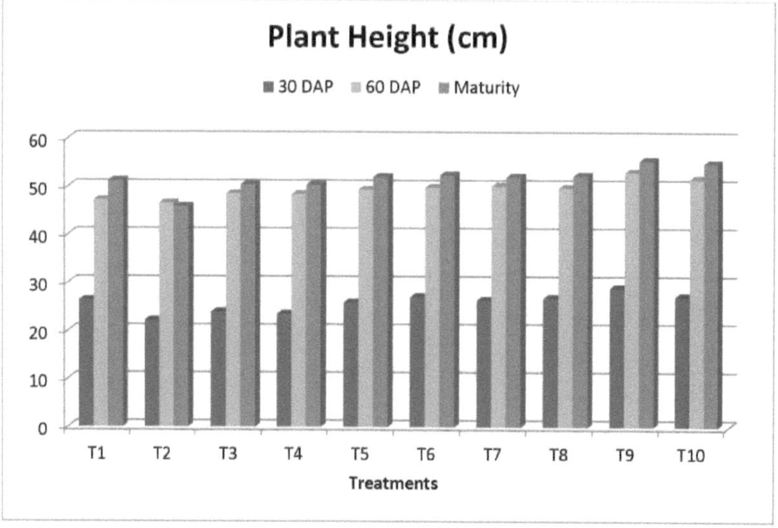

Fig. 4.3 Efeito de diferentes níveis de fósforo na biomassa fresca (g/planta) de batata

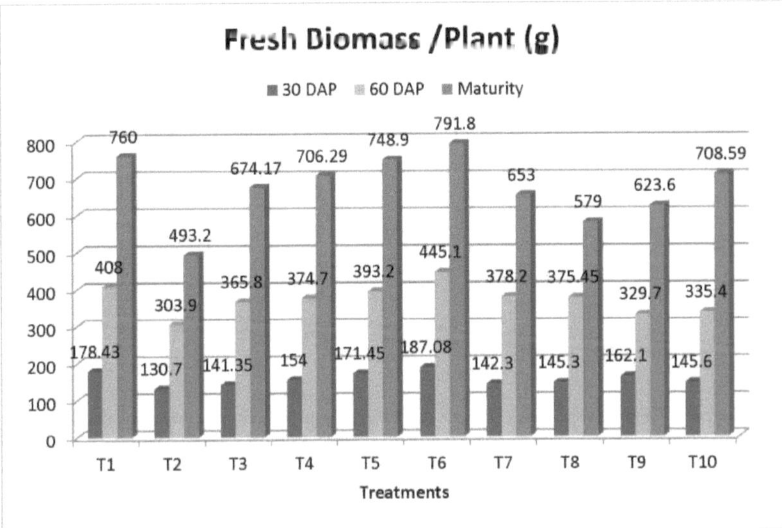

Fig. 4.4 Efeito de diferentes níveis de fósforo no número de folhas/planta de batata

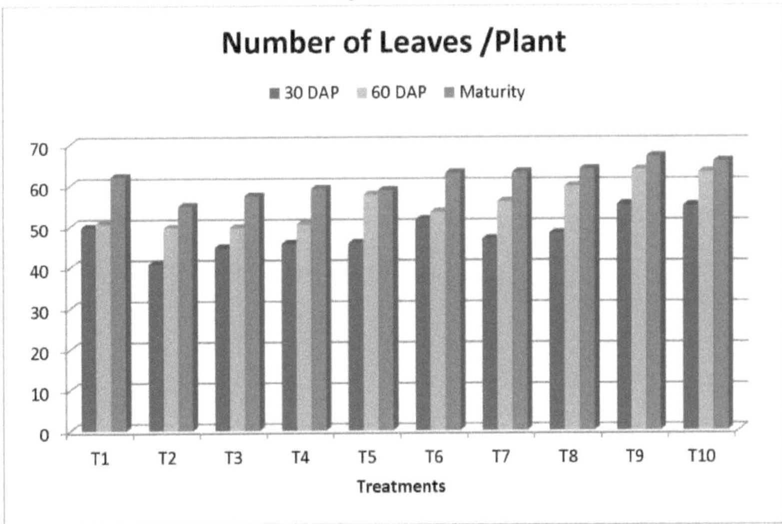

Fig. 4.5: Efeito de diferentes níveis de fósforo no caule/planta da batata

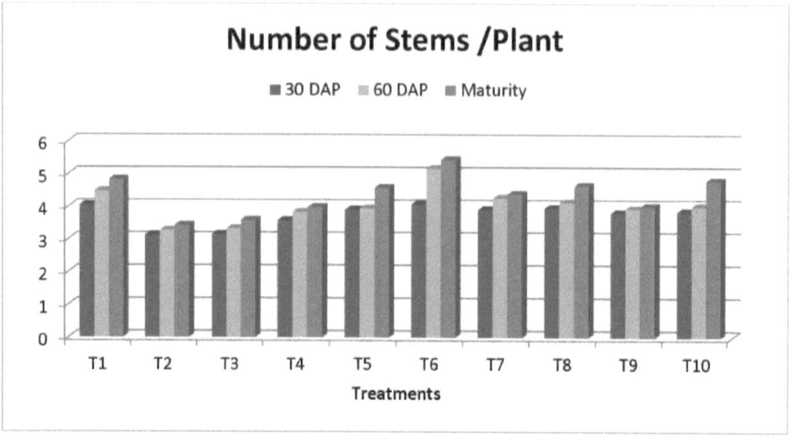

Fig. 4.6: Efeito de diferentes níveis de fósforo na produção total de matéria seca

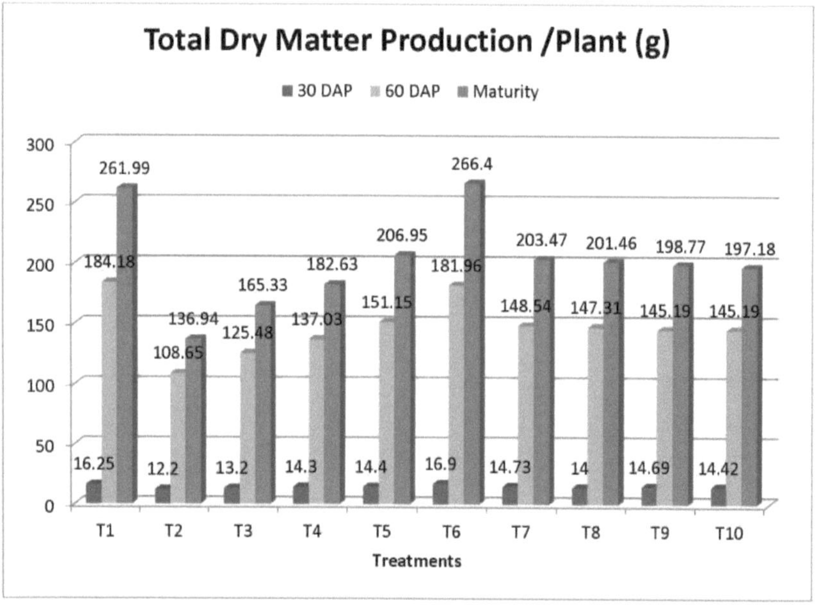

Fig. 4.6: Efeito de diferentes níveis de fósforo no comprimento da raiz da batata

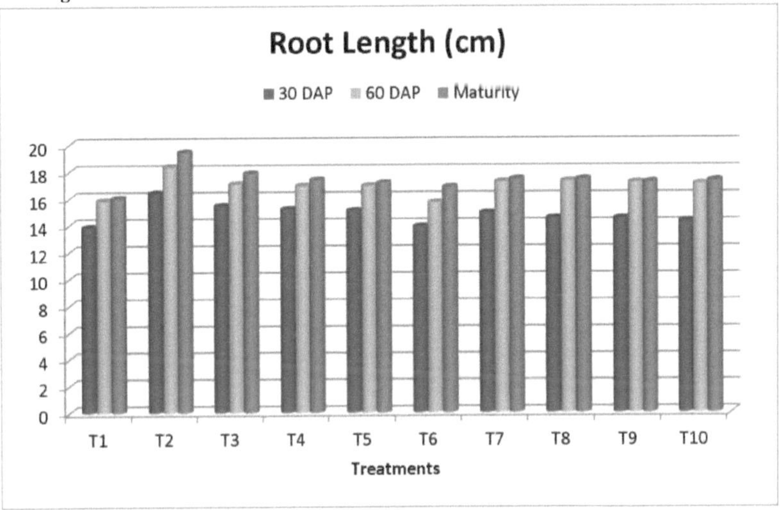

Fig. 4.7: Efeito de diferentes níveis de fósforo no peso fresco da raiz da batata

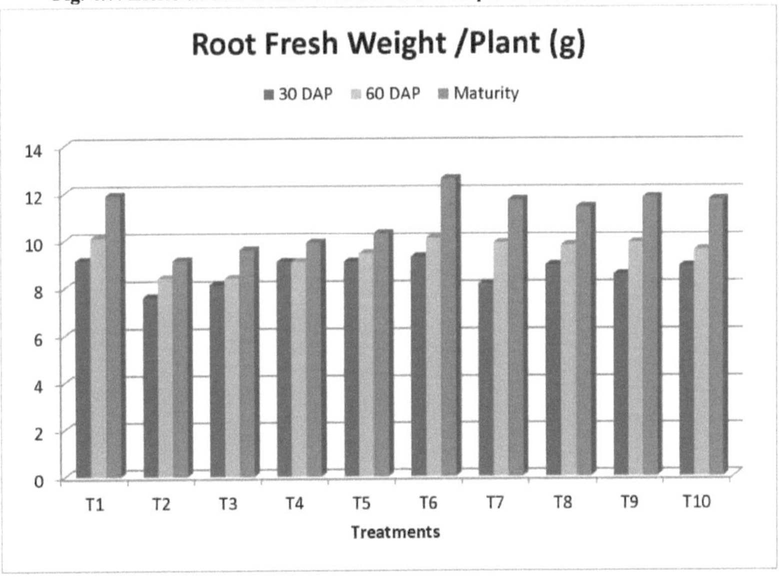

Fig. 4.8: Efeito de diferentes níveis de fósforo no peso seco da raiz de batata

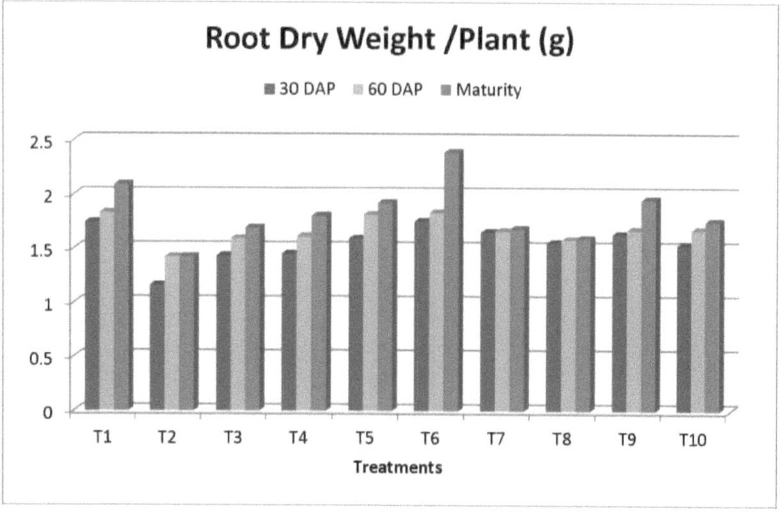

Fig. 4.9 Efeito de diferentes níveis de fósforo no número de tubérculos/planta de batata

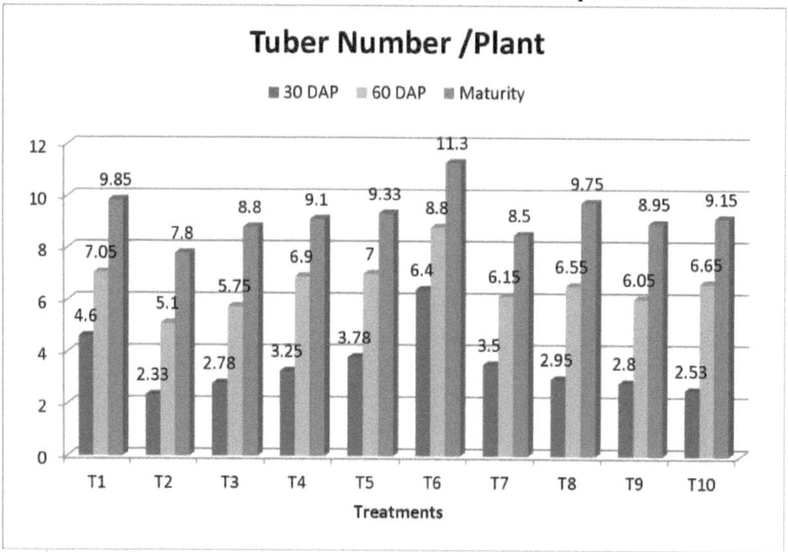

Fig. 4.10 Efeito de diferentes níveis de fósforo no peso fresco dos tubérculos

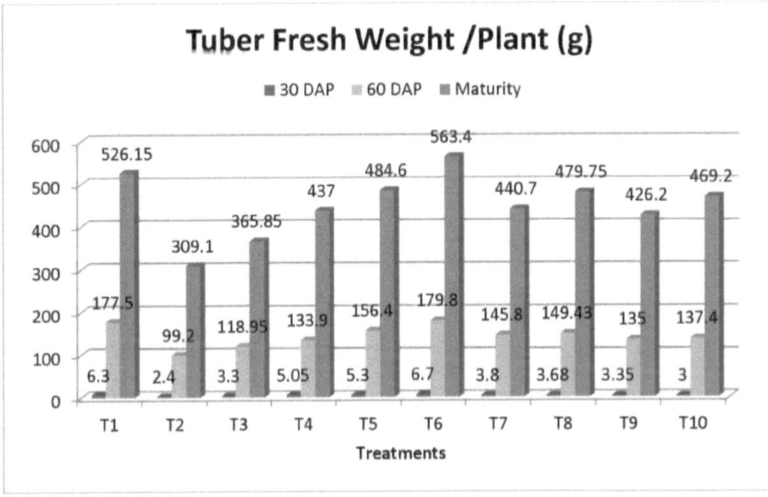

Fig. 4.11 Efeito de diferentes níveis de fósforo no peso seco dos tubérculos

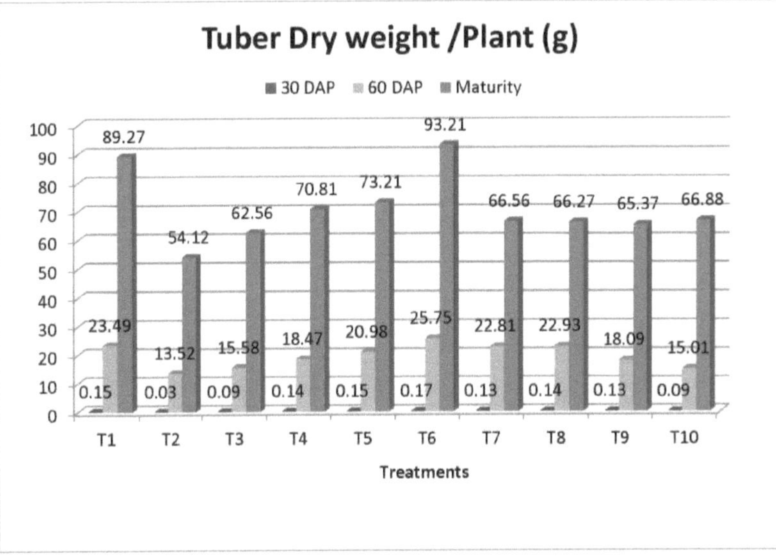

Fig. 4. 12 **Efeito de diferentes níveis de fósforo no número de tubérculos de Batata**

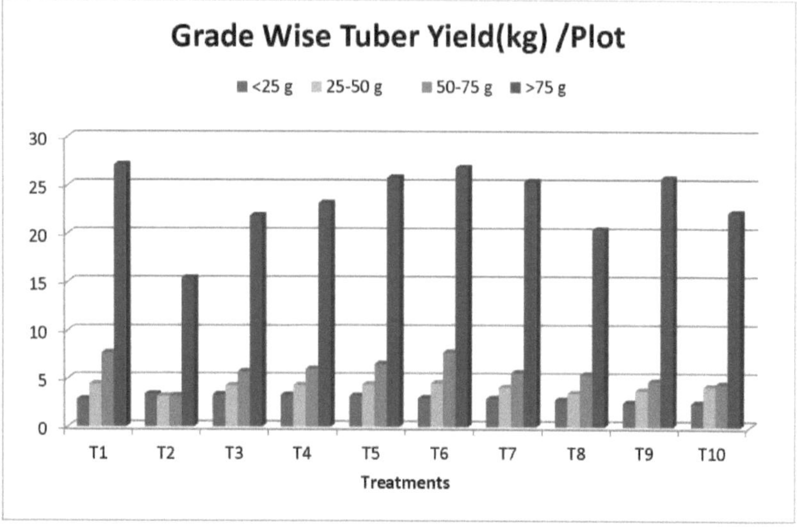

Fig. 4.13 **Efeito de diferentes níveis de fósforo na produção de tubérculos de batata**

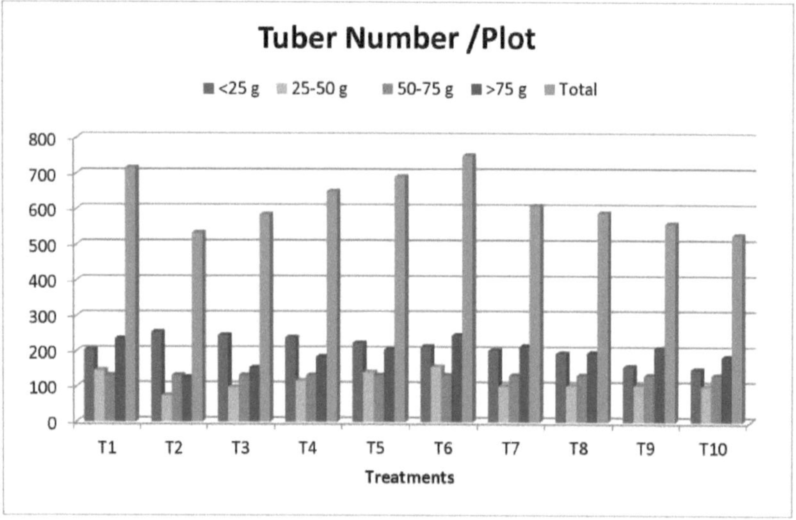

Fig. 4.14 Efeito de diferentes níveis de fósforo na produção de tubérculos (t/ha) de cultura de batata com base na classificação

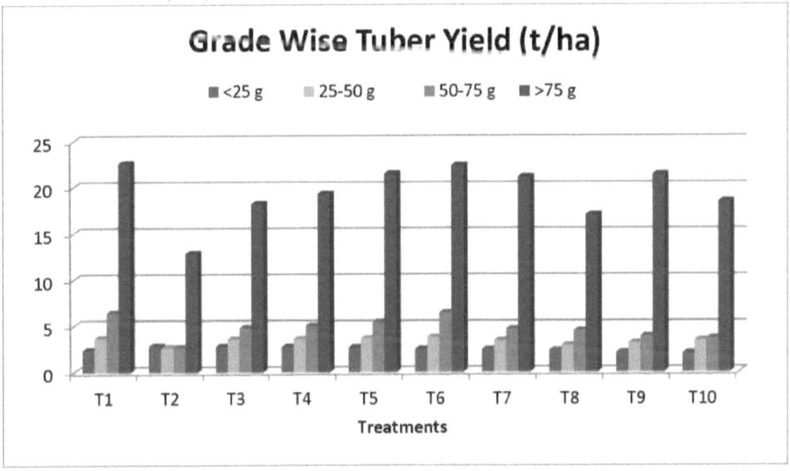

Fig. 4.15 Efeito de diferentes níveis de fósforo no rendimento de tubérculos rachados de batata

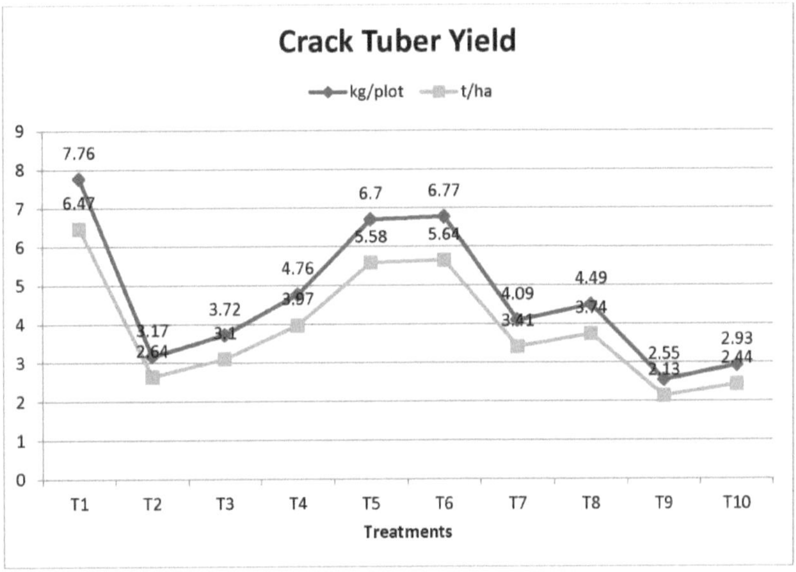

Fig. 4.16: Efeito de diferentes níveis de fósforo no número de tubérculos rachados da batata

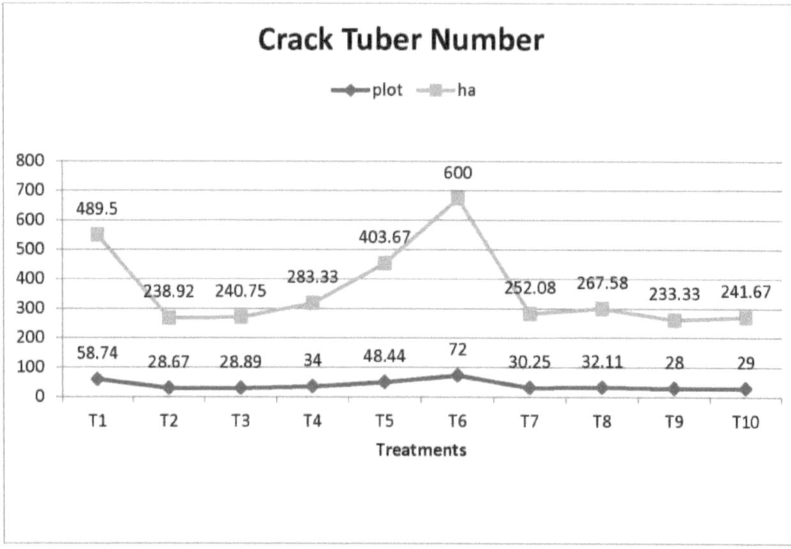

Fig. 4.17 Efeito de diferentes níveis de fósforo na relação raiz: rebento da batata

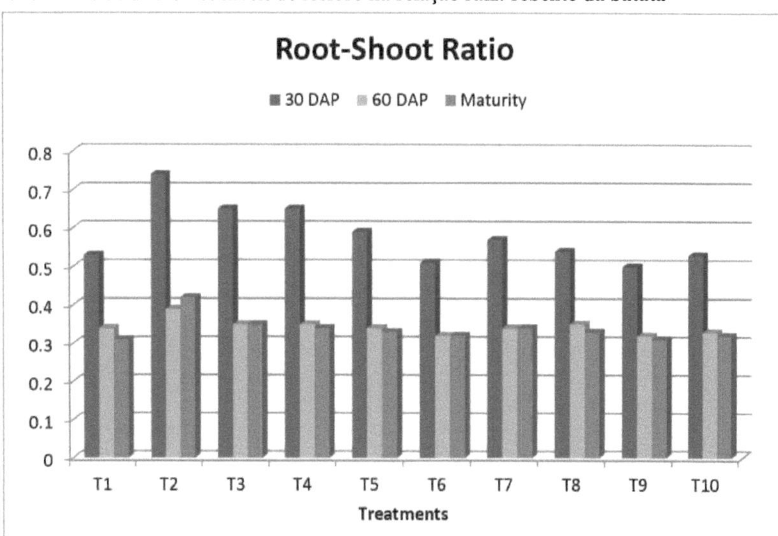

Fig. 4.18: Efeito de diferentes níveis de fósforo na RFA da batata

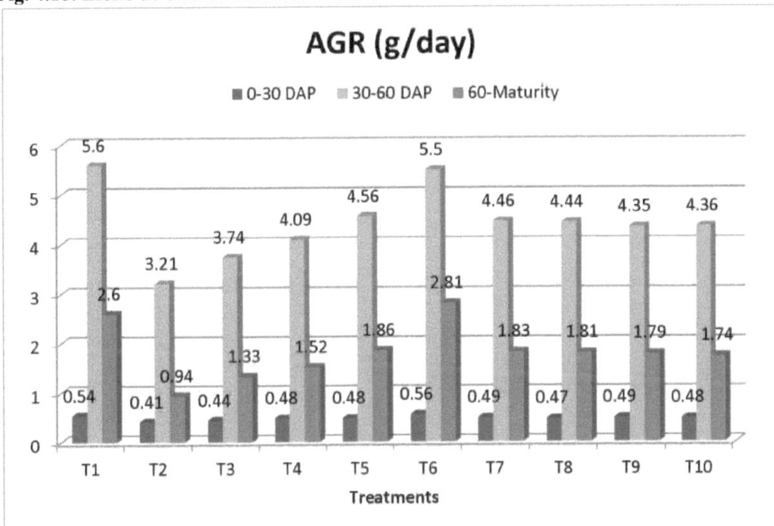

Fig. 4.19: Efeito de diferentes níveis de fósforo na RGR da batata

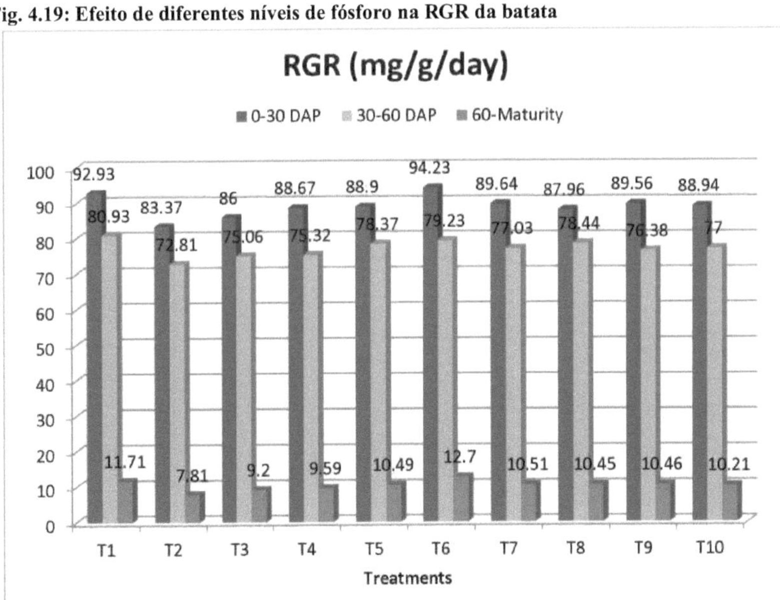

Fig. 4.20 Efeito de diferentes níveis de fósforo na produção de tubérculos e de folíolos de batata

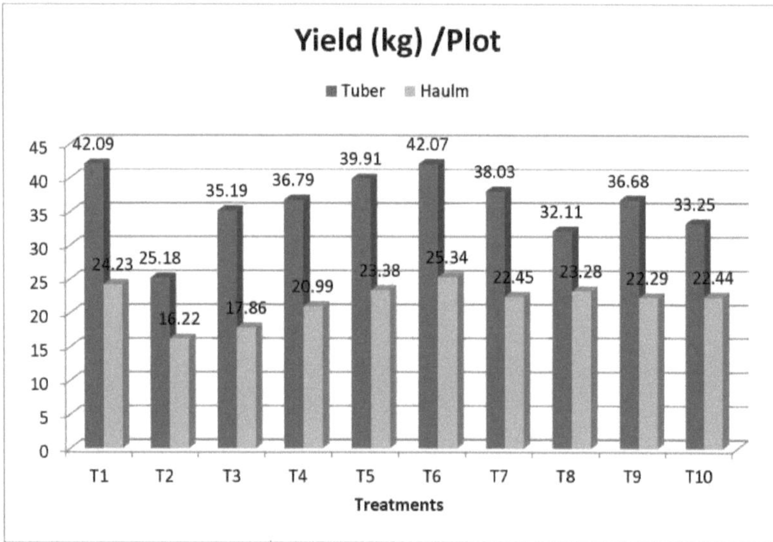

Fig. 4.21 Efeito de diferentes níveis de fósforo na produção de tubérculos, de folhagem e biológica (t/ha) da cultura da batata

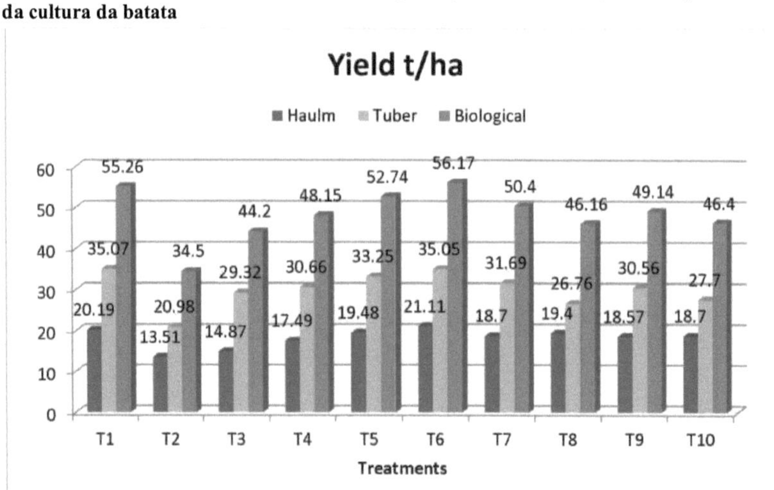

Fig. 4.22 Efeito de diferentes níveis de fósforo no índice de colheita (%) da batata

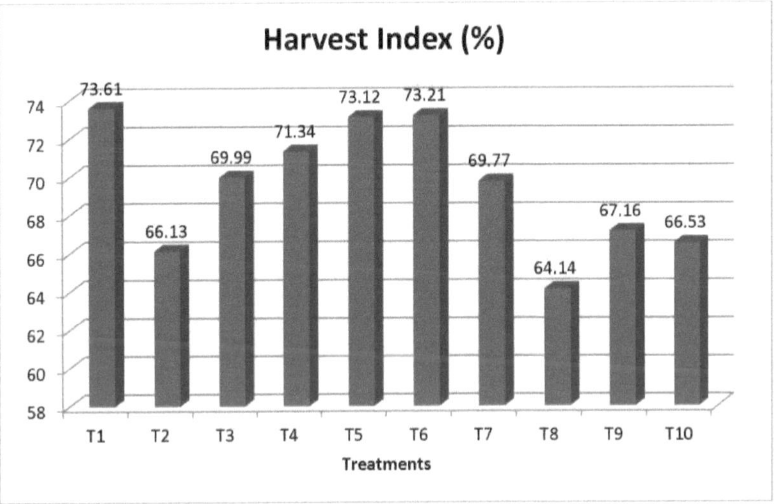

Fig. 4.23 Efeito de diferentes níveis de fósforo na massa do solo (BD) e na densidade de partículas (PD)

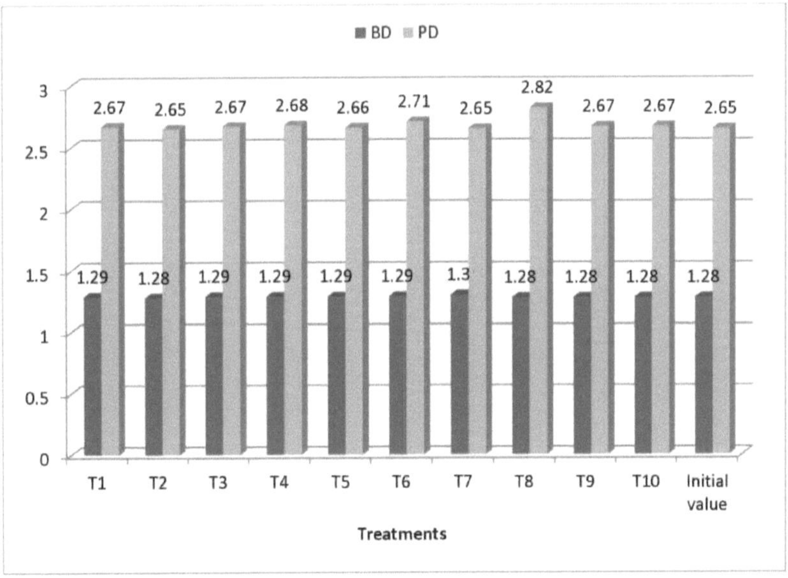

Fig. 4.24 Efeito de diferentes níveis de fósforo na capacidade de retenção de água do solo (%)

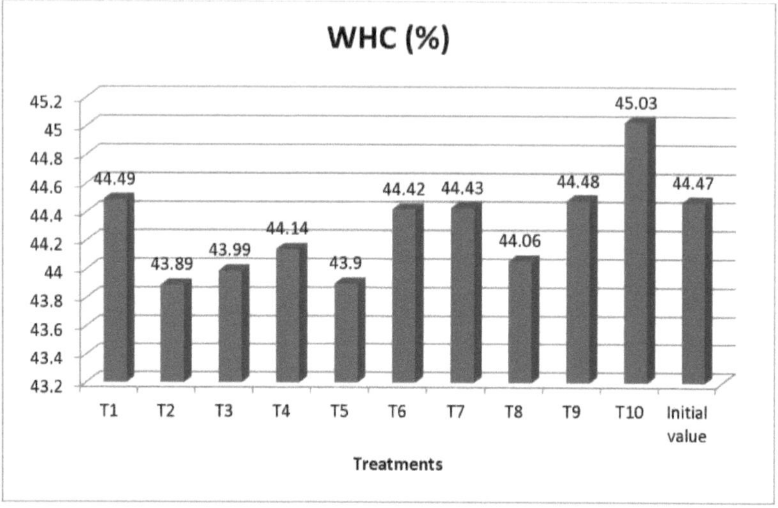

Fig. 4.25 Efeito de diferentes níveis de fósforo no pH do solo

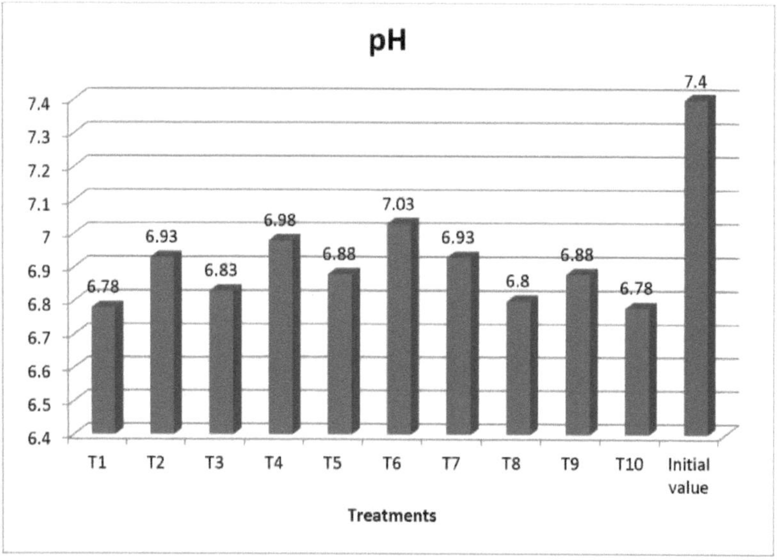

Fig. 4.25 Efeito de diferentes níveis de fósforo no CO do solo (%) e na CE (dsm^{-1})

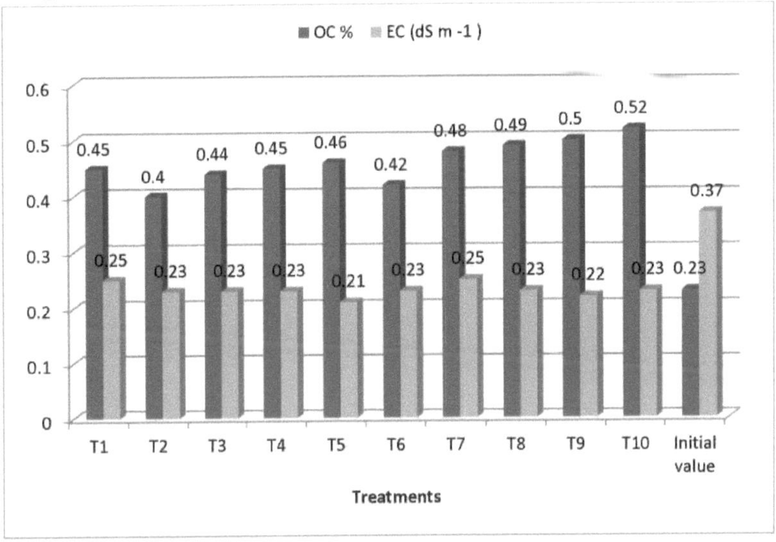

Fig. 4.27 Efeito de diferentes níveis de fósforo no NK do solo (kg/ha)

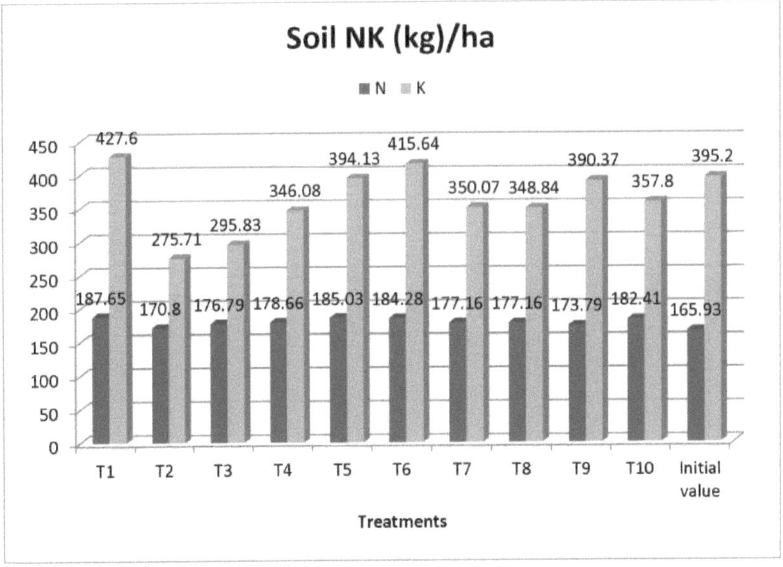

Fig. 4.28 Efeito de diferentes níveis de fósforo no P do solo (kg/ha)

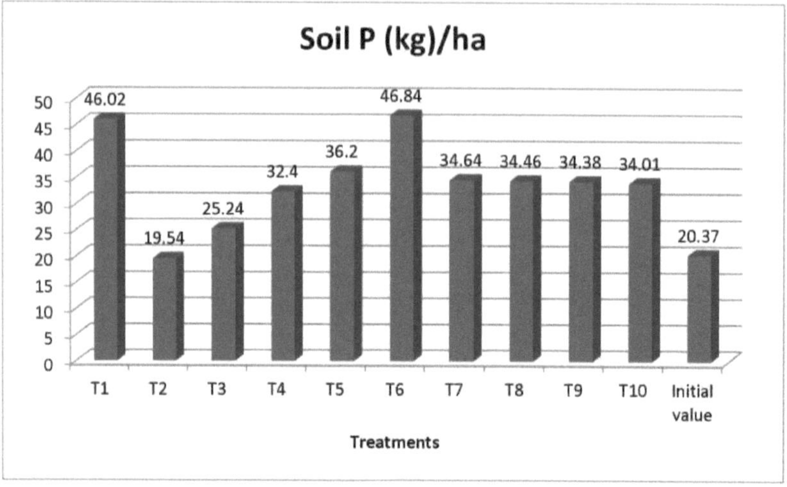

Fig. 4.29 Efeito de diferentes níveis de fósforo no teor de NPK do tubérculo (%)

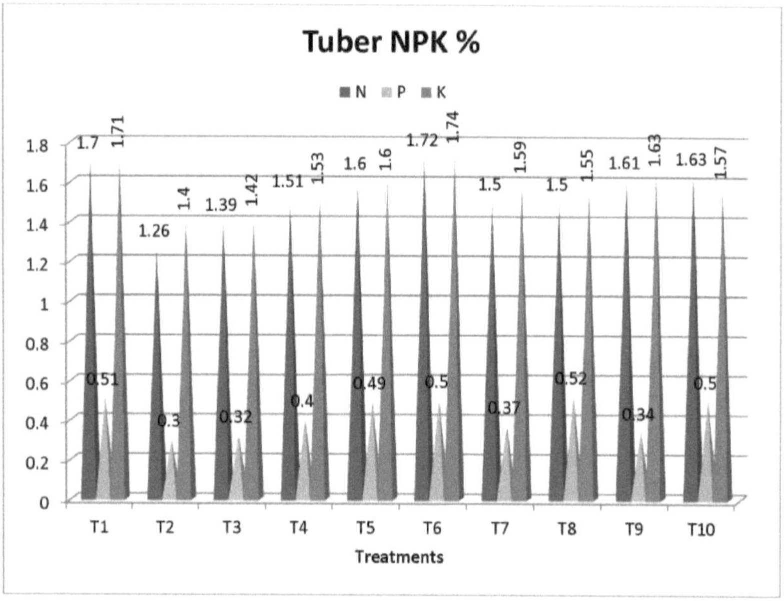

Fig. 4.30 Efeito de diferentes níveis de fósforo no teor de NPK do haulm (%)

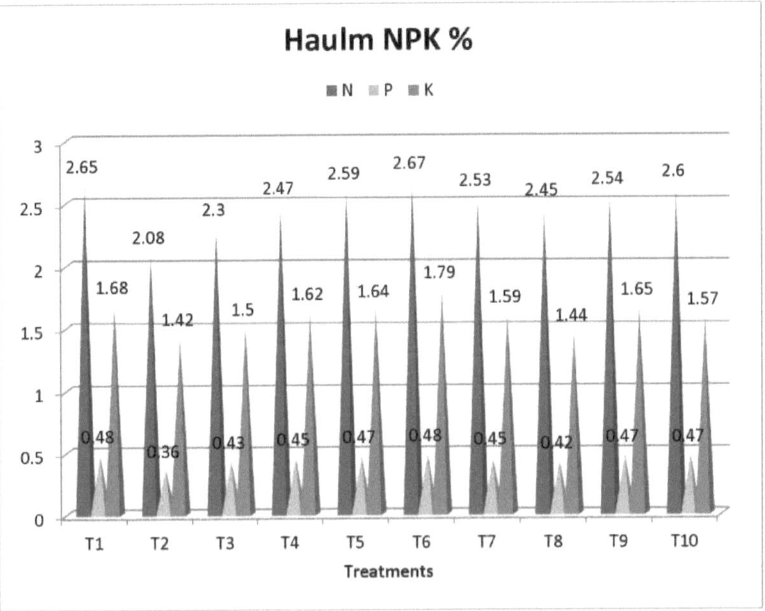

Fig. 4.31 Efeito de diferentes níveis de fósforo na absorção de N (kg/ha) pela cultura aquando da colheita

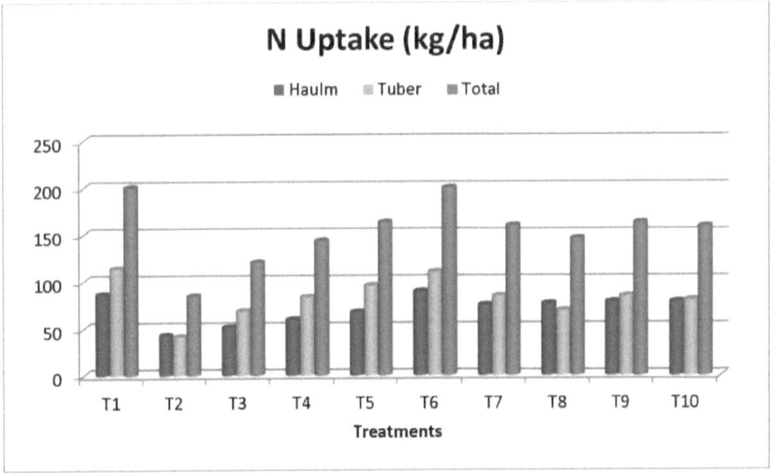

Fig. 4.32 Efeito de diferentes níveis de fósforo na absorção de P (kg/ha) pela cultura aquando da colheita

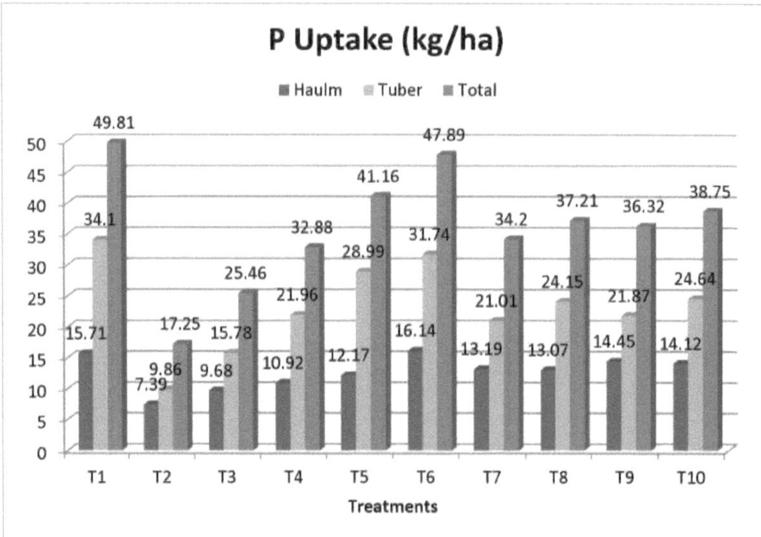

Fig. 4.33 Efeito de diferentes níveis de fósforo na absorção de K (kg/ha) pela cultura aquando da colheita

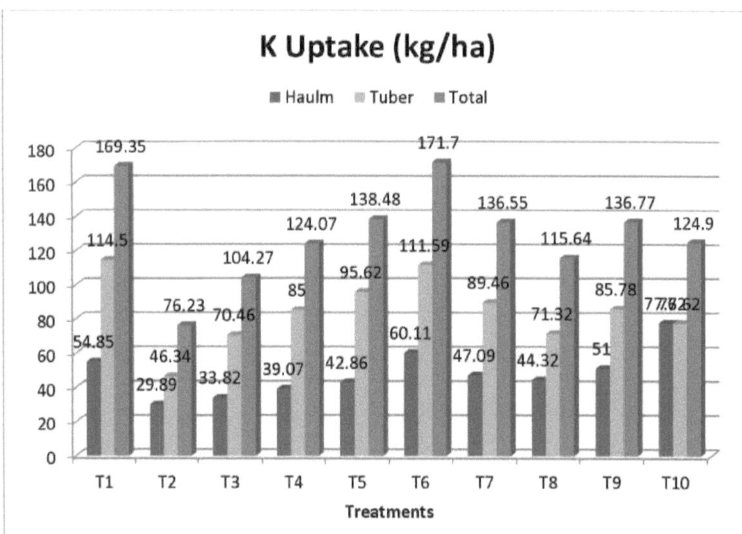

Fig. 4.34 Efeito de diferentes níveis de fósforo na eficiência de utilização de fósforo (%)

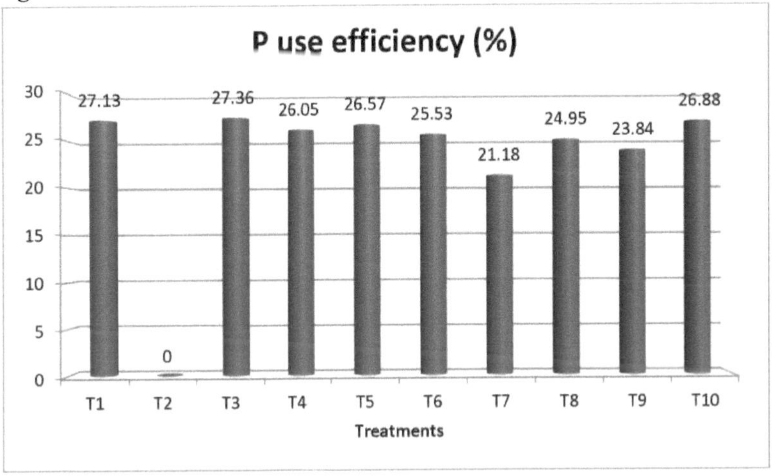

Fig. 4.35 Efeito de diferentes níveis de fósforo nos tratamentos económicos (Rs./ha)

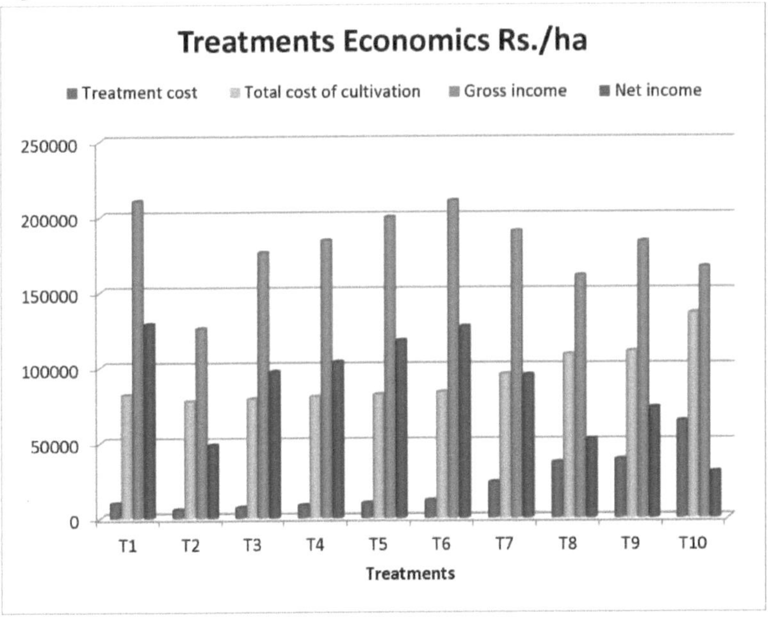

Fig. 4.36: Efeito de diferentes níveis de fósforo na relação B: C

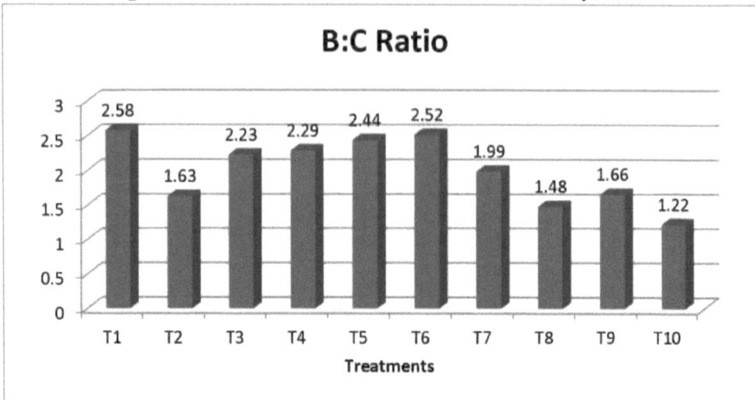

MIX
Papier aus verantwortungsvollen Quellen
Paper from responsible sources
FSC® C105338

Printed by Books on Demand GmbH, Norderstedt / Germany